CRAZY IDEAS

疯狂的念头：

创意大师都在如何思考

[美] 卡洛琳·埃克特　著

钱多多　译

天津出版传媒集团

天津人民出版社

图书在版编目（CIP）数据

疯狂的念头：创意大师都在如何思考 /（美）卡洛琳·埃克特著；钱多多译. —— 天津：天津人民出版社，2019.4

书名原文：YOUR IDEA STARTS HERE:77 MIND-EXPANDING WAYS TO UNLEASH YOUR CREATIVITY

ISBN 978-7-201-14531-0

Ⅰ. ①疯… Ⅱ. ①卡… ②钱… Ⅲ. ①创造性思维 – 通俗读物 Ⅳ. ①B804.4-49

中国版本图书馆CIP数据核字（2019）第037812号

TITLE:Your Idea Starts Here
Copyright © 2016 by Carolyn Eckert
Originally published in the United States by Storey Publishing，LLC.
Arranged Through CA-LINK International LLC

著作权合同登记号：图字02-2018-387号

疯狂的念头：创意大师都在如何思考
FENGKUANG DE NIANTOU: CHUANGYI DASHI DOUZAI RUHE SIKAO

出　　版	天津人民出版社	制版印刷	三河市春园印刷有限公司
出 版 人	刘　庆	经　　销	新华书店
地　　址	天津市和平区西康路35号康岳大厦	开　　本	787×1092毫米　1/32
邮政编码	300051	印　　张	7.5
邮购电话	（022）23332469	字　　数	50千字
网　　址	http://www.tjrmcbs.com	版次印次	2019年4月第1次印刷
电子邮箱	tjrmcbs@126.com	定　　价	58.00元
责任编辑	陈　烨　特约编辑　李　羚		
策划编辑	冀海波　装帧设计　林　丽		

版权所有　侵权必究
图书如出现印装质量问题，请致电联系调换（0316-3161888）

1. sturdy
2. pretty
3. practical
4. modern
5. pearlescent
6. chubby
7. careful
8. wounded
9. myopic
10. asymmetrical
all seeing

it circles

I saw

in

my

office

Watercress Avocado Seaspray Stone Balsam Water

Lavender Plum Chestnut Cocoa Camel

I pity the bores who refuse to swoon. Always a fool for the moon.

本书教你如何生成、

培养和提炼灵感

白日梦

5 美元 2 个

新想法

7 美元 2 个

开放思维

免费，赠送同情

奇思妙想

98 美元

没感觉？求灵感？……

你需要经历 3 个阶段：

积累

开始

收集你喜欢的东西，

别去管它们有没有用……

不要多想，收集就好。

你在积累的是灵感。

找一样你打算今后使用或扔掉的东西。

为了将来将它打破。

后立

先破

结束

将碎片重新组装成一样新的东西。

你的想法有了形状。

in our casserole compositions

869

POCKET
BOOKS

GOLDEN

something miraculous happens

CASSEROLE

* the solution is on the back cover

solve Word Search Puzzles.

BORDER GUARD

C
c

A E

would com
the mi

POCKET
BOOKS

积累

尽可能从不同的途径一点一点地收集信息。

"我不明白为什么人们会害怕新想法，而我所害怕的只有旧思想。"——约翰·凯奇

1

无法

想到

一个

好主意?

无论你现在在哪儿，看看你的周围
你对什么感兴趣? 你喜欢的是什么?

找到你喜欢的，并将它变成你自己的东西。

找到兴趣爱好

光线、图案、颜色、形状、声音、味道和周围的人，你在其中找到引起你兴趣的了吗？

如果没有，你该如何将事情做好呢？

让·巴蒂斯特·西蒙·夏尔丹画遍了他房间里的一切——一杯水、一个咖啡壶、桌子上的几瓣大蒜——他是18世纪最出色的静物画家之一，终身未离开过巴黎。

3

不知道前景如何？

把你不想要的结果写下来。

左图：工作几年后，放射科医师史蒂文·N.迈耶斯非常好奇，如果他给花朵拍X光片会怎样。

弗洛伦斯·南丁格尔在她的《护理笔记》中写道——护理不是伺候人，不是诊断，也不是在没有医生指导的情况下"治病"（分发药物），而是"让病人处于治疗的最佳状态"，并且"要仔细地观察和清楚地报告"。

1925年，伊万·昂格尔和格拉迪斯·罗伊在一架双翼飞机上打网球，向世人展现他们的惊险特技。

4

一个
疯狂的
念头

"如果想法一开始就不荒谬，那就没什么希望了。"

——阿尔伯特·爱因斯坦

你能想到的最离谱、最不可思议的想法是什么？有没有用？为什么？还是只有其中一部分有用？

一天晚上，盖瑞·达尔和朋友们在酒吧聚会，**然后话题就转到了如何照顾宠物上。** 达尔告诉朋友们他在这方面毫无困扰，他说：

"我养的宠物是石头。"

他决心看一下如果他把这个想法推上市场会发生什么，结果这个一闪而过的 "愚蠢灵感" 引发了全国范围内的石头宠物热潮。1975 年的圣诞节期间，**他向厌倦了战争而迫切需要娱乐的公众卖出了数百万"宠物"。**

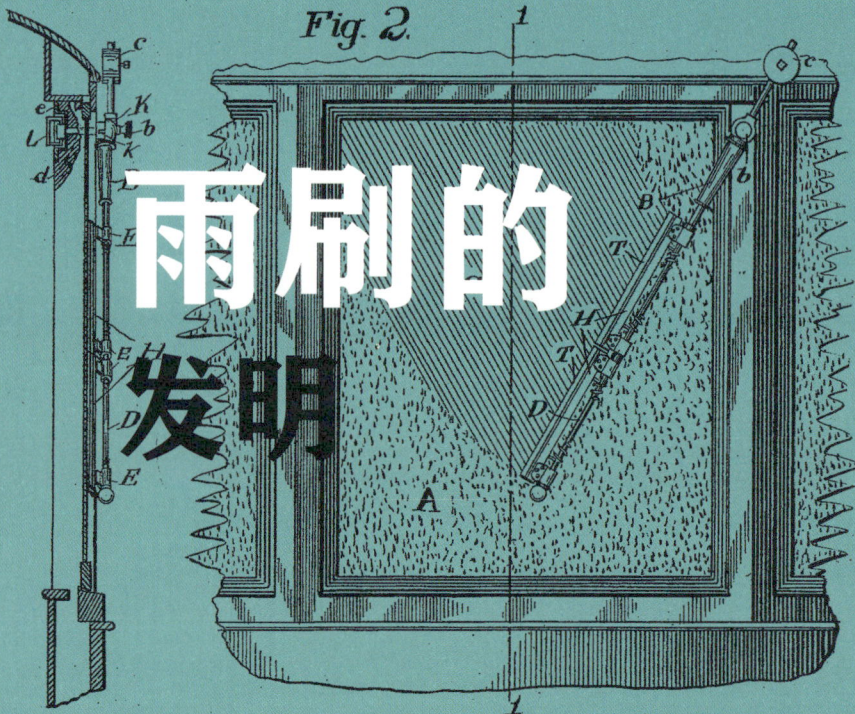

No. 743,801.

PATENTED NOV. 10, 1903.

M. ANDERSON.
WINDOW CLEANING DEVICE.
APPLICATION FILED JUNE 18, 1903.

NO MODEL.

Fig. 2.

Fig.1.

对的时间　对的地点

灵感的
故事

雨刷的
发明

1902年一个下雪天，玛丽·安德森在前往纽约市的途中发现，有轨电车司机很难透过挡风玻璃看到外面的情况。司机可以稍稍打开窗伸手出去擦玻璃（当时，很多人甚至会用一片洋葱或胡萝卜去擦车窗），但雨雪就会跟着钻进来——而且司机还是看不见。

于是，玛丽就坐在车上开始画起了草图，最后，她画了一条"摆动的手臂"来清除有轨电车挡风玻璃上的雨、雪或雨夹雪。更妙的是，司机可以从车厢内部进行操纵。

1903年11月，玛丽获得了"窗户清洁装置"的专利。1905年，她试图将专利卖给加拿大蒙特利尔的埃肯斯坦公司，但他们回复说："它不具备太多商业价值"。后来她的专利过期了，但人们的需求却一直都在。

到了20世纪20年代，每辆汽车上都装上了雨刷。

一张图片可以分解成许多激发灵感的独立元素。

陡峭的斜坡

波浪图案

明亮或热烈的浩瀚空间感

调色盘

聚拢角度

5

像时尚设计师一样思考

找一张你喜欢的照片作为灵感来源。黛安·冯·弗斯滕伯格春季时装系列"绿洲"的设计灵感就是来自一张沙丘的照片。

"绿洲——意料之外的安宁"

——黛安·冯·弗斯滕伯格

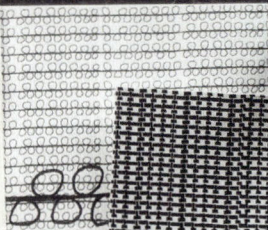

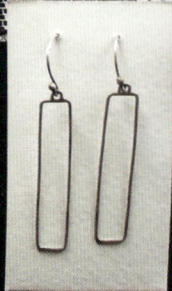

triple butter

6

做一个收藏家

开始收集你喜欢的物品吧！什么都行——它们可以是词语、照片、漫画、语录、绘画和布料样品及图案，也可以只是记在便签上的随便什么想法。把它们放在你每天都能看见的地方，或者全部钉到工作台旁边的墙上（设计师称之为"情绪板"），或者单独钉在房间的任何地方——它们随时都能给你带来灵感。当你积累了足够多的物品时，看看你是否能给它们分组。其中有可以深入发展的主题吗？

got up early but my head still hurt · got a bike from the stash, adjusted the seat, put on my helmet + set off for the beach, via the back roads · got a little bit lost in the golf development : pear lane, fairway street, etc · bought supplies at the art store + called me self an indulgent old lady (well there are worse things to be than a retired art student + I am not there yet) · already regret the paint purchase but not a single pencil or pen.

heard the train go by at 5:17 pm # "oh that's a sad story," said Katherine when asked about the boat full of dead plant matter. Her new neighbors "from Wisconsin" cut down the 15-foot wall of night-blooming cereus that screened the two houses. Blooms the size of platters, once a year. My mother would always have a party that night. # Also "I went to Mozambique so that I could swim with the whale sharks. And then I ..."

saw a wooden boat full of terracotta pots + dead stalks of night-blooming cereus · a bowl full of children's blocks painted gray, silver-gray + black · a compass from a Concord, NH woodshop, one item in the cabinet of wonders : coral, bits of clay · can't say I saw because the sun had set (the bright parts sunset over the water) but our host Catherine described the sulphur shell made of the moon screaming, sinking in her little black pond that's full up with all its metal objects she could not place · all the wood objects placed in ...

it is feb 21

night-blooming cereus

I slept
Train 8½ pm

dreamed of saying No more onions — you know we have a box yay-big in the livingroom (which is true) · thought about busting out this structure to include ·✳thought (?) Which of course gets away from the vital clarity of the orange as is. But also smell? Taste? ✳ ate granola infused with coconut, as if I could forget that I am not in Massachusetts ✳ showered : there is a strong start to the day ✳ thinking about weddings.

TRAIN: 7:23 a.m.

heard myself say I'm trying to be patient with myself but not too patient ✳ the clock in the dining hall seems to tick from someplace else ✳ Sir Ken Richardson talking about how we educate people out of creativity, increasingly moving up so that it is only THE HEAD. "Academic act like their bodies are simply a head-transport system"

Alex's meal yesterday: ravioli w. sage butter
whip cream + berries + bits of chocolate :
trifle

Pencils 1 nadi : lavender + brown + book red
purple + metallic + orange · soft green

observed : when Barbara says she is having terrible trouble with her ms we are not exactly happy but in the rush of sympathy also relief : we like to share our troubles, + especially those of other people (speaking of which I cannot get out of my head that an elephant fell on Indra — some way my brain processed that catastrophe) ✳ so writing about trouble, the way to go, everyone knows it, so why UTOPIA?

feb 22 early (which is to say mainly about yesterday)

this red pear is twice as big

pears at home.

7

写下来！

或者

为了更快地记录，可以使用符号代替词语。试过流浪汉的符号吗？

（一切皆有可能）

　　你对什么感兴趣？你对什么充满激情？尽可能快地写下你的胡思乱想。随身携带笔记本；床头放书写纸，浴缸旁放上白板，车里放上便条纸；记录在手机上。将你潦草涂写的内容收集起来。单独看这些写下来的东西可能并没有什么意义，但是，将它们汇总起来之后，你可能就会找到方向。

灵感从何而来

灵光一现
的时刻

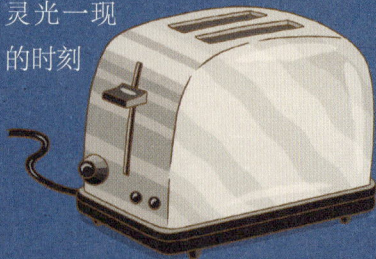

思维突然
搭上了线

意外事件
变得有趣

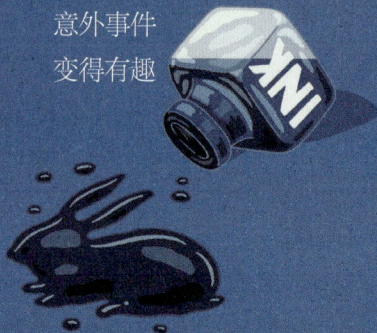

对的时间
对的地点

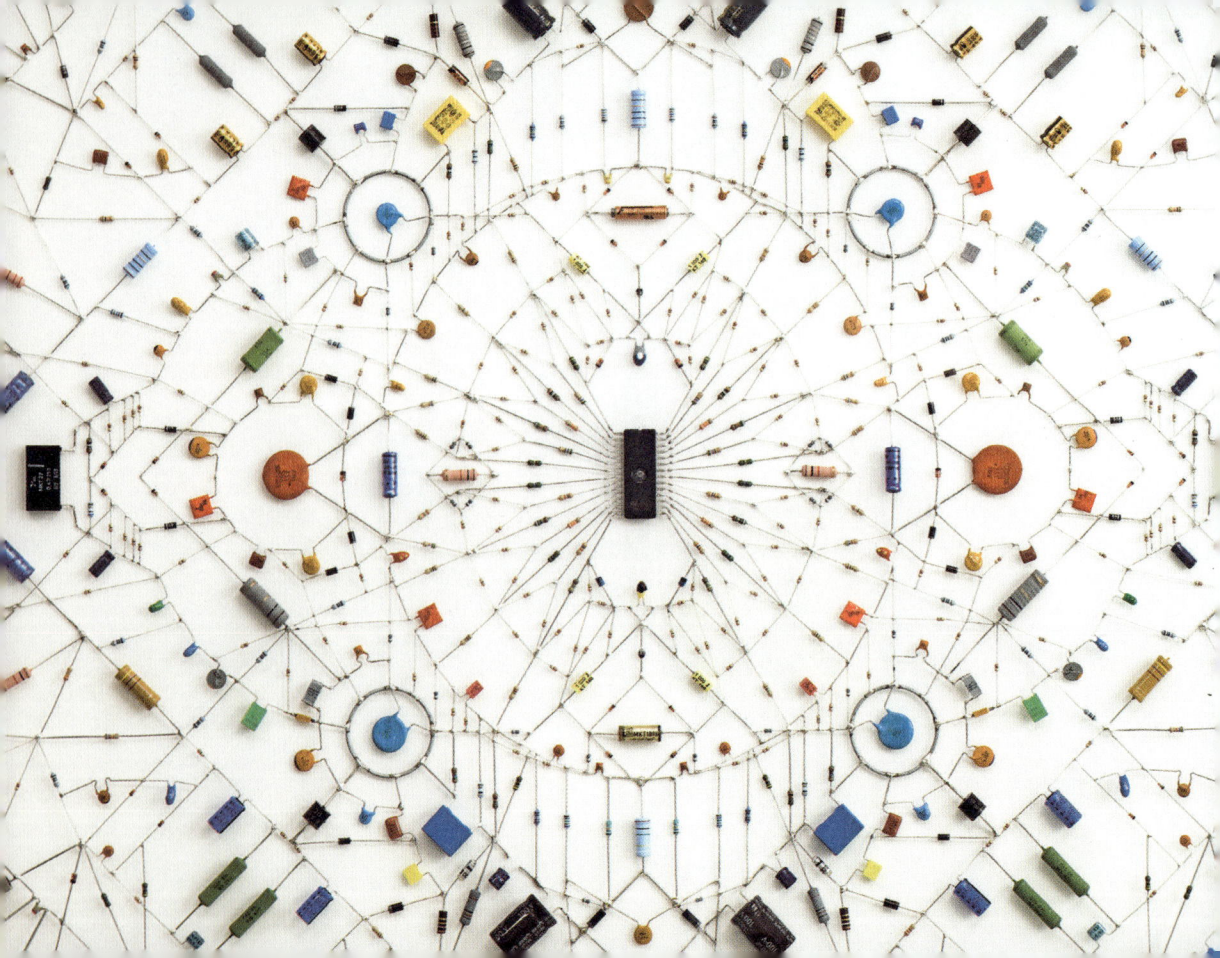

8

建立联系

和一两个人玩这样的游戏：一个人先说一个和你的方案相关的词语；然后下一个人迅速地说出一个和这个词语相关的词语——任何词都可以。五轮或者十轮过后，看看你会得到些什么。

树——树叶——风——风暴

狗——宠物——皮毛——柔软

左图：李奥纳多·尤利安曾是一名技术员，他在《电路曼荼罗2号》（开端）中用无生命的材料创造出了一种饱满的灵性。

托马斯·爱迪生的灵感来源于其自身的发明，一个发明激发出另一个发明：由传递声音的炭精式送话器想到用留声机录音和播音，接着又想到用活动照相机快速拍摄一系列照片，从而创造了电影的最初版本。

加利福尼亚大学的神经学家在研究人脑如何处理语言的过程中，和设计师克里斯汀·斯旺哈特合作，将斑胸草雀的鸣叫声转化成可视的图像。他如此描述道："一个彩色方块表示（鸟鸣的）一个音节，阅读的顺序从左向右，自上而下。虽然音节变化多端，但你却可以看到一个明确并且重复的主题。"

9 研究问题

思考一切。曾经存在什么问题？你对此采取行动了吗？解决方案效果如何？成功或失败的原因是什么？你的解决方案有什么价值？

研究能直接导致新想法的产生。玛丽·居里在博士论文研究期间，觉得科学家亨利·贝克勒尔"铀是放射性元素"的发现很有意思。于是，她便决心研究这些铀射线，找出它们形成的原因。仅仅几天后，她就有了革命性的发现：铀原子的结构导致了放射（后来她称之为"辐射"）的产生——这一发现表明原子并非不可分割的整体，这被认为是物理学发展史上最重要的贡献之一。

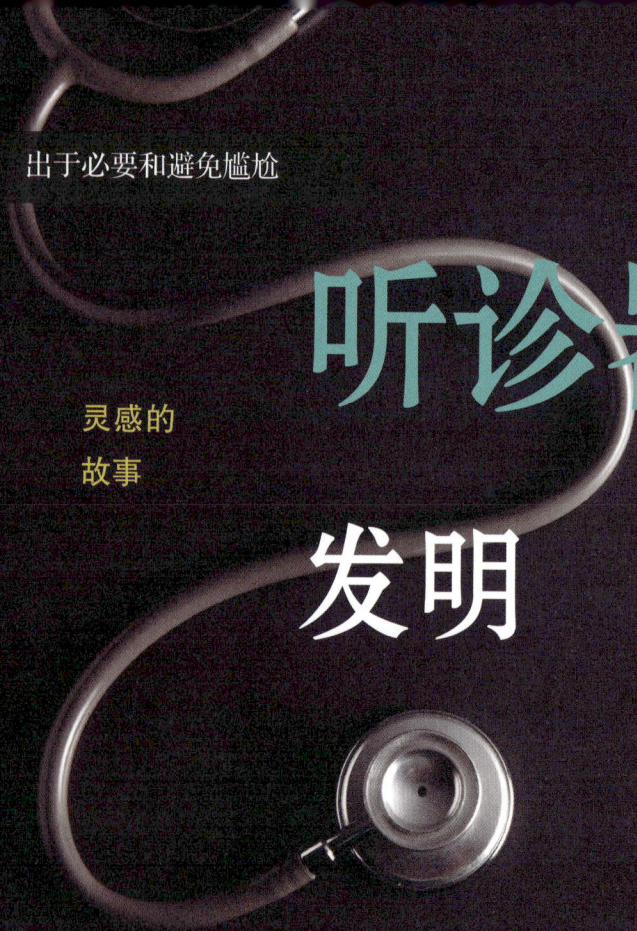

出于必要和避免尴尬

听诊器的

灵感的
故事

发明

1816年，法国医生雷奈克走在巴黎街头，看见两个孩子在玩一块长木头。一个孩子用别针刮木头的一端，另一个孩子将耳朵贴在木头的另一端听对面传来的声音。后来有一天，雷奈克要给一名心脏不适的女性病人看诊，他不愿像平常那样把手和耳朵贴在病人赤裸的胸部。这时他想起了孩子们的玩具，于是他把一张纸卷成长筒，一端放在病人的胸部，一端贴在自己的耳朵上。

"比起直接用耳朵，这种方式能更加清晰地听到心脏的活动。"他写道，他"既吃惊又满意"。雷奈克将他的新工具命名为听诊器（stethoscope），由两个希腊语单词"stethos"（胸部）和"skopein"（看见）组合而成。

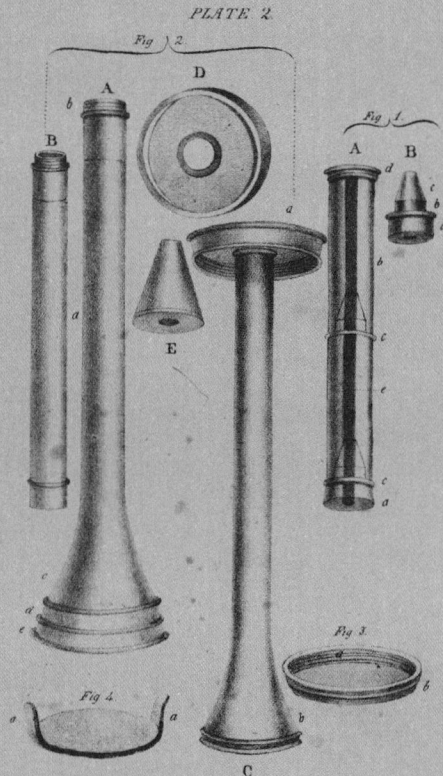

说是

"如果我说'不许动，我有枪！'，然后你说'混蛋！这枪是我送你的圣诞礼物！'。因为我们都同意把我的手指——枪——当作圣诞节礼物，所以才会创造出一个这样的场景。"

——蒂娜·法伊《女老板》

10

即兴发挥

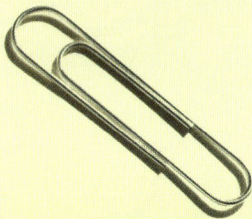

玩这种"说是"的游戏。一个人说出一个想法或主意，下一个人在此基础上进一步发挥，说"是的！而且……"看你的思路能继续走多远？

11

不要急于使用

写下你最初的想法。抱歉！除非你先想出 5—10个可行的替代方案，否则你不可以使用它。现在，你最初的想法还是最好的选择吗？

左图：
迪特琳德·沃尔夫创作的手工杯盘变奏曲

让·乔治·冯格里奇顿是一名大厨，也是遍布全球的连锁餐厅"名流山庄"的老板。他在一次采访中对奥普拉·温弗瑞说，他会用在市场上发现的新奇食材激发自己的想象："我找到一种甜豌豆，我们便会想出10种做法。我们努力思考怎样才能让甜豌豆变成一道新菜肴。"

特丽萨·格罗是洛杉矶麦迪逊&格罗设计事务所的合伙人，她的设计深受在索诺玛、马萨葡萄园、帕萨迪纳三地经历的影响，并用这三个地方命名了自己的系列作品。

格罗说，墙纸的设计灵感来自珠帘、"波西米亚风"和这座壁炉。

沙发的图案同样受到壁炉形状的影响，枕头的图案则来自蚌壳。

12

发现细节

　　找一样喜欢的东西，用它的一部分作为参照或起点。例如，如果你喜欢的是一幢建筑，使用它的颜色、形状、图案，甚至是招牌上的一个词。你能用这些微小的灵感联想创造出什么新东西？用建筑物上的或弯曲或曲折或平行的线条画轮廓线或信息图，或者用和窗户重复规律相同的图案制作裙子，或者根据建筑的阴影创作音乐，或者……

你最擅长做什么？

13

发挥你的长处

想一想你最擅长什么，用你的长处来处理或解决问题：

你擅长与人相处？那么和别人谈谈你的问题。

你擅长形象化？那么，请将你的想法画出来。

你运动的时候能更好地思考？那么去跑步吧。

你的短处是什么？

14

开发你的短处

现在用一种让你稍感不适的方法来处理或解决问题。你在回避提问和研究吗？因为这不是你惯常的做事方式。假如你不擅长图形，请把可能的方案画成草图；假如你不擅长数字，强迫自己列张清单或打个电话。

用一种不同寻常的方式做事会给你带来意想不到的发现。

尽管讲话有障碍（是发音不清还是口吃争议很大），温斯顿·丘吉尔仍选择站在人群前演说。与关起门来时缄默无语相反，他发现自己在公共场合有很多话想说，特别是在纳粹势力兴起的时候。

作为第二次世界大战期间登上世界政治舞台的英国首相，丘吉尔直面他的弱点，成了历史上最著名的演说家之一。

"了解大自然是一回事。学习大自然才是人类的转折点——最深刻的转折点。"

——亚妮内·班亚思，生物仿生研究所研究员

15

让自然来解决

工程师模仿叶子的褶皱设计了一种太阳能电池，结果发现它产生的电能远远高于表面平坦的太阳能电池。

　　自然的系统、模式和颜色会给你带来答案。根据鲨鱼皮肤的化学成分制造出的船体外壳涂层能防止藻类和藤壶的生长。蝙蝠的回声定位原理被应用于盲人自行车和机器人设计。

　　看一片树叶、一个松果、一块石头、一只蟾蜍、一个贝壳、一朵向日葵、一只猫或一条狗，你发现什么以前没看见的东西了吗？

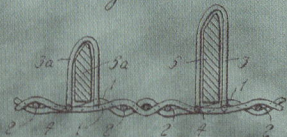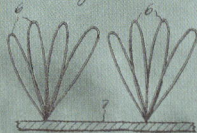

灵感的
故事

维可牢搭扣
的发明

线圈

1948年，在一次去瑞士山林里散步时，乔治·德·迈斯德欧发现狗身上和自己的裤子上沾满了苍耳子。德·迈斯德欧很好奇，便用显微镜对其进行观察，结果发现苍耳子表面覆满了微小的钩状突起，它们紧紧钩住了裤料上的线圈。德·迈斯德欧决定尝试复制这种自然系统。经过几年的反复试验，他发现尼龙经过红外线加热后会变硬，然后就能切割成像苍耳子那样的钩子。德·迈斯德欧将velours（"丝绒"）和crochet（"钩子"）两个词合二为一，把这种织物命名为维可牢（velcro）。

有趣的意外

钩子

"它发明于1899年，迄今都未被改良过。"

——萨拉·戈德史密斯，《石板》杂志网

16

像极简艺术家一样思考

最简单的方法是什么？

还可以去掉什么吗？

它还可能是什么？

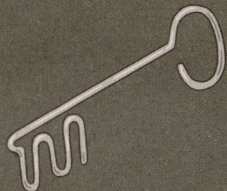

开锁器

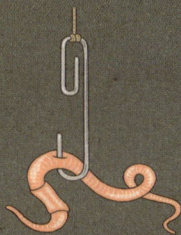

鱼钩

耳环

针

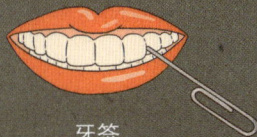

牙签

弹簧

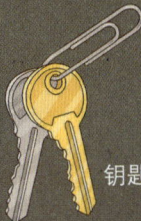

钥匙圈

钱夹子

发卡

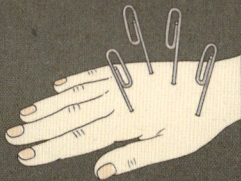

针灸针

领带夹

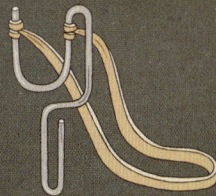

弹弓

"广义上，圆相象征浩瀚的宇宙，它令人联想起宏伟、无限力量和自然想象。但圆相也能象征虚空，一种去除了差异和对立的基本状态。"

——奥德丽·妹尾良子

"线条若有灵，你就能感受到书法家与毛笔的气息。"

——棚桥一晃

圆相：
开悟的禅宗圆圈

圆相

禅宗教徒习惯用一笔画成的圆圈来表现身心的空明。

17 多了解其他的文化和传统

这个世界很大，请你去看看。19世纪50年代早期，欧洲人迷上了日本的各种东西：织物、陶瓷、纸扇、浮世绘，等等。他们创造了"日本主义"这个术语来描述流行在欧洲和美国的日本风格作品。著名的法国印象派画家克劳德·莫奈爱上了这种全新的东方美学。他开始收集日本版画，最后在吉维尼的花园里造了一个日本风格的睡莲池——这是他的名画《睡莲》系列的灵感来源（你知道会是这样）。

弗兰克·劳埃德·赖特也爱上了日本：他觉得日本文化自身就像一件艺术品——人工制品和人类行为融为一体。1905年，赖特在经过两个月的日本旅行后回到伊利诺伊州的橡树公园，设计了他的第一件作品——联合教堂——它受到了日光大猷院的启发。

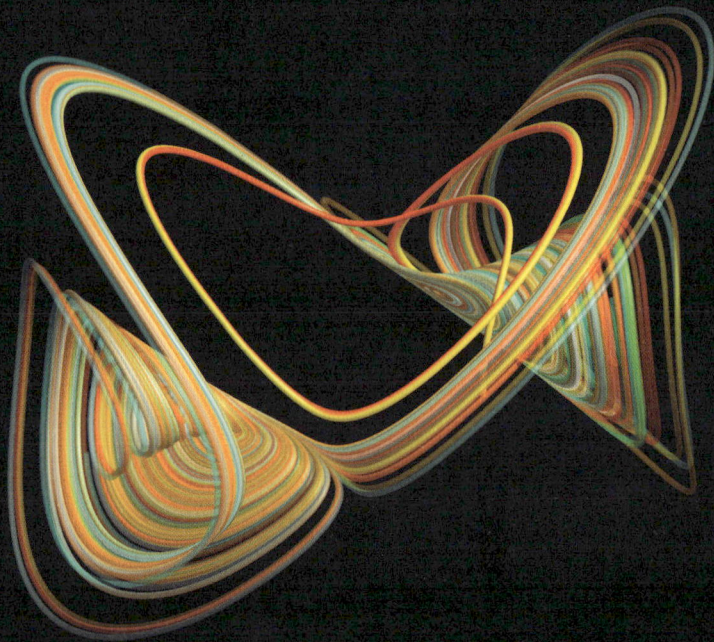

每年，普林斯顿大学的科学艺术展都会征集在科学研究中产生的图像。其网页称："科学艺术展激起了艺术家对艺术本质的讨论，开拓了科学家'看待'研究的方式，是普通大众欣赏艺术和科学的窗口，因为非专业的人士对这两个领域总是莫名地感到恐惧。"

这张荣登榜首的图像来自克里斯多夫·基辛格（当时的物理学博士后，现在的法国巴黎高等师范学校助理教授），它展现了地球两极地磁反转时的混沌运动——反转中，磁场的形状发生改变（从两极结构变成四极结构），而不是简单的消失。

18 多了解其他的研究领域

　　有时候其他的专业也很有用。为了把工作做得更好，厨师可以请教化学家，玩具制造商可以请教建筑师，单板滑雪运动员可以请教航空工程师。莱特兄弟发明的滑翔机控制装置使得我们的飞机能够自由飞行。穿梭在空中、太空和水里的任何一种机器——包括宇宙飞船、潜水艇和机器人，都在使用他们的"翻滚、俯仰和偏航"控制装置。

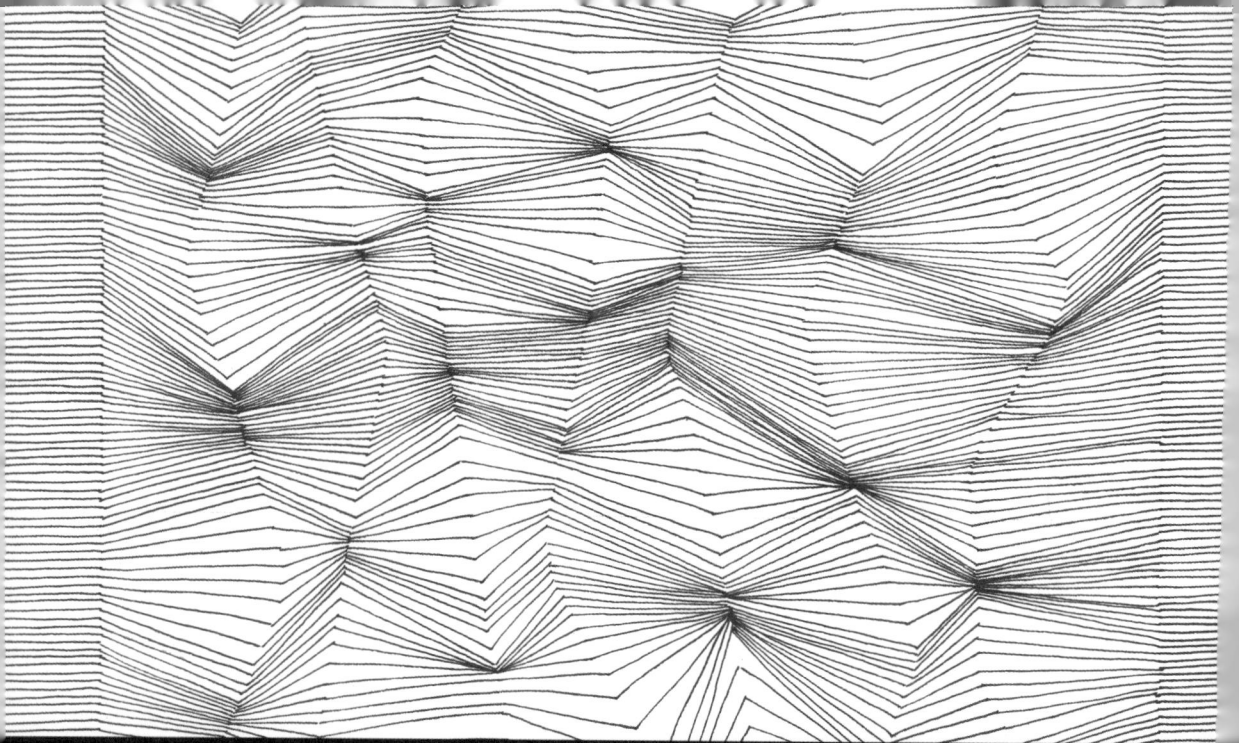

"没有奋斗，就没有进步和成绩。每打破一个传统，都会给机械业带来一场变革。"

——乔治·葛吉夫，哲学家

打破常规

一成不变的生活是不会产生新想法的。换一条回家的路线，到街对面走一走，午餐换个新花样，提早一小时（或三小时）起床，给自己买一件从来没穿过的颜色的衣服。就这样过上一星期。有什么改变了吗？有什么看起来不一样了吗？

19

史蒂夫·乔布斯在斯坦福大学的毕业典礼演说上对听众说："我每天都会看着镜子问自己：'如果今天是我生命中的最后一天，我会去做今天要做的事吗？'如果连续很多天答案都是否定的，我就知道，我应该做出改变了。"

头脑

赞成

头脑风暴非常适合谈论和形成新想法。你说的东西可能会激发别人的灵感。

它也非常适合你独自进行：去一个安静的地方。1分钟内你能写出多少个想法？ 5分钟呢？ 15分钟呢？

风暴

反对

有时候声音最响的人不是想法最妙的人，
而是团队里最具影响力的人。

头脑风暴　光

20

和一两个人聚在一起谈论问题或困难。只要把想法大声地说出来就能展现你曾经摒弃、忽略或从未考虑过的可能性。起码，它能促使你进入解决问题的下一个步骤。

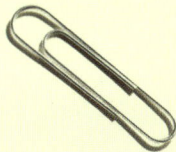

"想法的来源是社交。你在谈话中得到灵感，然后吸收历史、吸收文化。贝多芬式的与世隔绝的天才是产生不了想法的。"

——兰迪·科恩，《深夜秀》前作者、知名创作者

头脑风暴

勇敢

21

组织一个团体聚会。制订如下规则：限制谈论时间；不做任何决定；写下所有想法，不管它有多愚蠢或者与主题无关。

方案1：

每位参与者带一张写有一个想法的纸，一进房间就把纸放在箱子里。先将这些想法读出来。

方案2：

每位参与者写下5个想法，并将清单提交给主持人。以匿名的方式读出这些想法。根据大家的反应选出最好的前3名。分小组对这3个想法进行讨论，看它们是否还能再进一步修改。

英国作家艾伦·亚历山大·米恩非常喜欢去家附近的森林散步。他在给儿子克里斯多夫·罗宾写故事时，很自然地就将这里当作了故事背景。阿斯顿森林的500英亩树林成了《小熊维尼》里的百亩森林，克里斯多夫·罗宾和他的填充动物玩具则成了故事里的人物，他们在这里一起经历了大大小小的冒险活动。这是克雷格·威廉姆在阿斯顿森林里散步时拍摄的维尼木桥。

22

培养场景意识

每个人都会受到成长环境和生活环境的影响。如何发挥你的想象使场景更具真实感？你能把周围的元素——自然景色、城市风光、海洋、河流、小巷——运用到你的作品中吗？如果想法来源于真实场景，你的作品会更加丰富。

画家乔治娅·奥·吉弗生活过的每一个地方的物品、风景和建筑，都会激发她的灵感。1929年，她在新墨西哥北部给在纽约的丈夫阿尔弗雷德·斯特格利茨写了一封信，信中写道："踏上新墨西哥，它就是我的了。我一见到它，它就是我的了。我以前从没见过这样的地方，它太适合我了。空气中有什么东西不一样，天空也有些不一样，就连风也不一样。"

左1：《十大之七：成年》，希尔玛·阿夫·克林特，1907。

左2：《十大之三：青春》，希尔玛·阿夫·克林特，1907。

也许你可以从其他维度接收到灵感。风景和肖像画家希尔玛·阿夫·克林特从十几岁时开始参加降神会，探索无意识的绘画方式。1904年，克林特经历了一次神秘的心灵体验，她说一种名为"阿难"的精神操纵着她的手进行绘画。她的画风变得更加抽象和几何化，这比自称是"首位抽象画家"的瓦西里·康定斯基在1910年画的第一幅抽象作品要早好几年。

23

融入个人经验

思考努力和成功是如何影响你的。你能将这些经验融入你的作品之中吗？是成功高唱灵感之歌，还是失败开启了你的"黑色"绘画？又或者，你的个人经验比这更有意思？

马歇尔·马瑟斯（埃米纳姆）发行第一张专辑《无限》时，期待能轰动主流广播电台并成名。结果却令他十分失望。人们认为唱片质量太差，他的歌曲中有太多其他饶舌歌手作品的影子，并没有他自己真正的观点。为此，马瑟斯既生气又沮丧，他的朋友告诉他要接受现实。在新泽西的纽瓦克，他走进录音棚，用非常个人化的歌词和愤怒的节奏唱出他在底特律贫穷而艰辛的成长经历。这种转变加强了他"邪恶的另一面"

——痞子阿姆

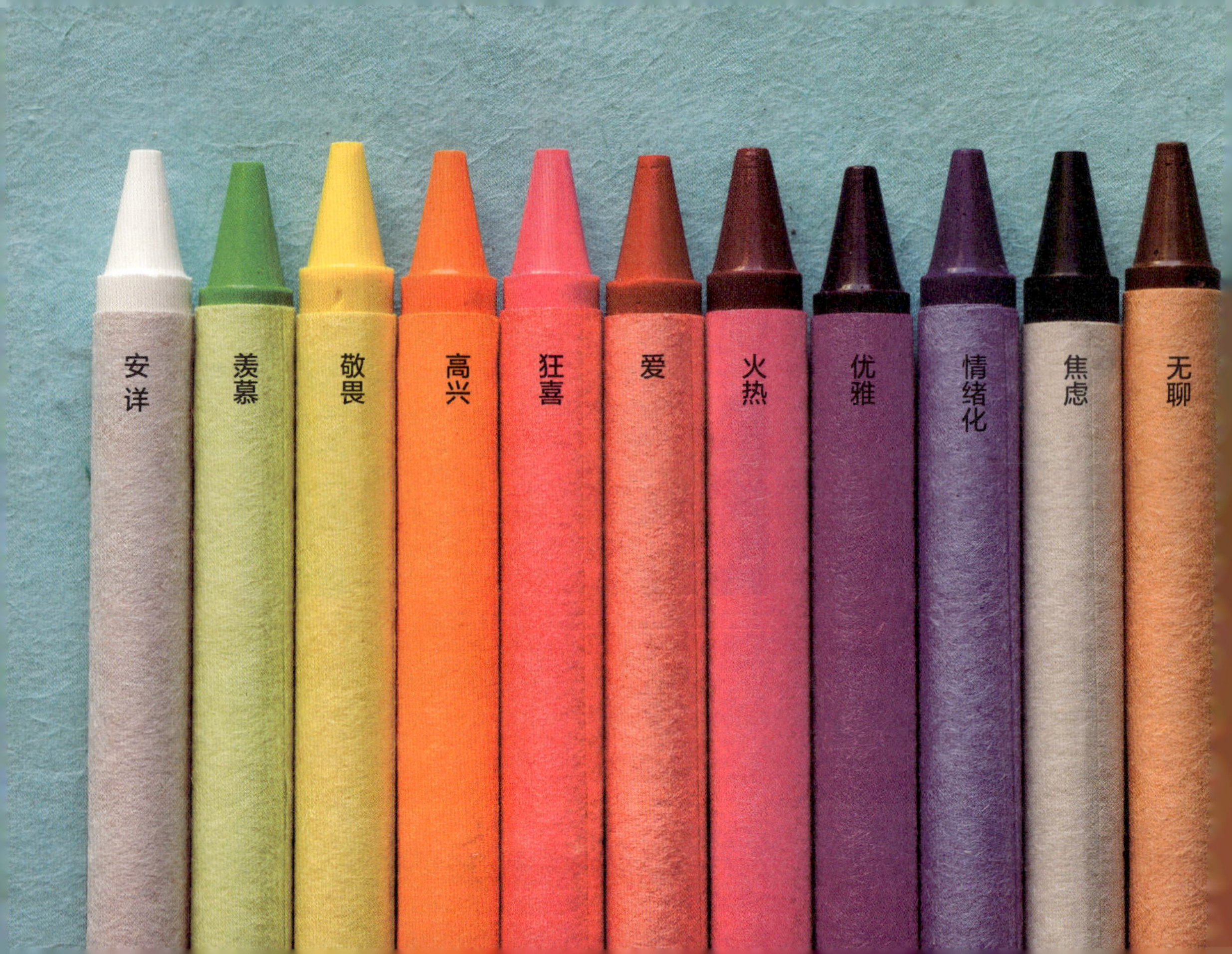
安详
羡慕
敬畏
高兴
狂喜
爱
火热
优雅
情绪化
焦虑
无聊

24

善用情绪

用直觉寻求灵感。现在你感觉安静、不知所措还是奇妙无比？试着每天、每周，或每隔一段固定的时间把情绪用一种形象化的方式记录下来。

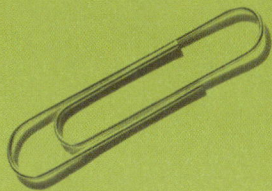

在日历上、墙上、木板上贴一支画笔，画一张笑脸，或者每天只用一个记号来表明你的好情绪和坏情绪。也可以尝试更高级一点儿的方法，用栗山塞萨尔的"每天一秒"应用软件拍摄时长一秒钟的"情绪电影"。坚持每天都拍，一个星期、一个月，直到你生命的尽头——每次一秒钟。

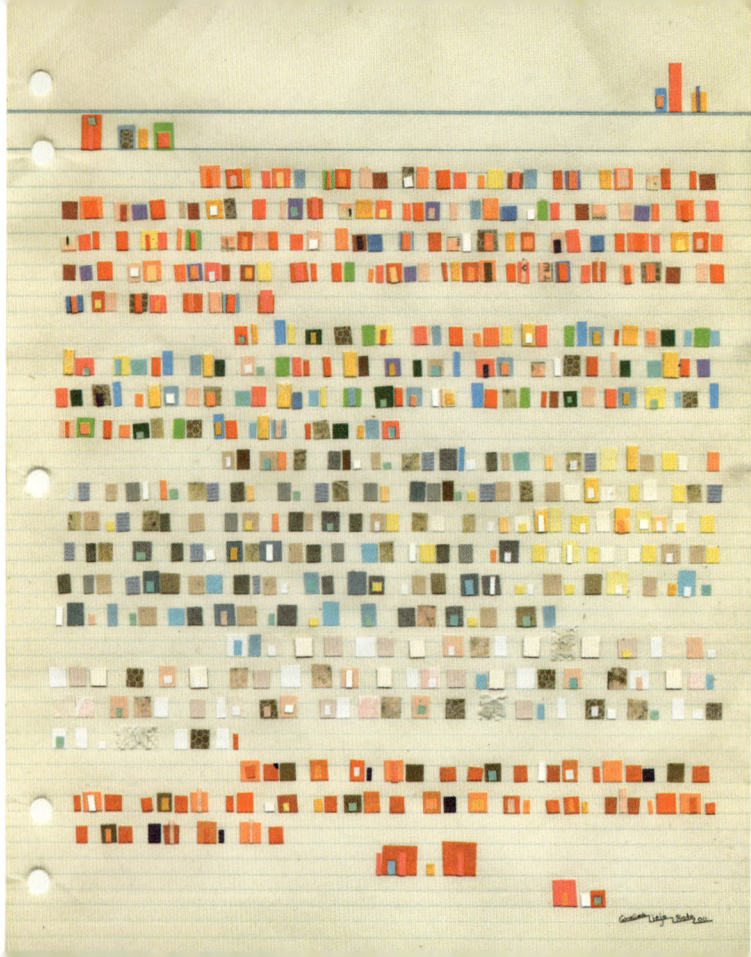

试着把这些纸片整理成另一样东西。这是卡塔丽娜·别霍·洛佩兹·德·罗达写的信，她用彩色纸片取代了文字语言。你觉得她这封题为《致姐妹》的信表达了什么意思？

25

打乱文件

打乱桌上的文件，写下你脑海中第一个跳出来的想法。或者看看散落在你周围的材料，你可以用眼前的材料制作什么、画什么或写什么？

"大多创造力都与模式识别有关，而且你要识别的模式是海量的数据。你的大脑通过记录每天看到的细节和异常来收集数据：那些奇事和变化，最终会形成你的深刻见解。"

——玛格丽特·赫弗南，企业家、作家、演讲人

"这是一个很冷的冬天，所有的大雁都飞回老家，所有的鱼儿都游向南方，就连雪都变成了蓝色。

夜里，天气变得冰冷刺骨，说出来的话还未被对方听见就会被冻成冰块，人们只能等到日出的时候再去听大家昨晚都说了些什么。"

——"保罗·班扬"，《明尼苏达滑稽故事》，讲述人施洛瑟

26

让普通变得非凡

夸大或重新想象你看到的一切。

现在，想得再夸张一点儿。你想得够夸张了吗？

开始吧，将勺子想象成一条长尾巴的鱼，将公共汽车想象成一个中世纪的入侵者，将笔想象成在不宜居住的环境里传送氧气的未来之门。或者，试试用夸张的方法写一个滑稽故事。

它是……

箭?

鸡爪?

十字弓?

图案灵感?

或者仅仅是一根酷酷的棍子?

1960 年，阿尔弗雷德·海尼根游览库拉索岛海滩时，看见海滩上到处都是空啤酒瓶，这让他有了一个想法。他雇用荷兰建筑师 N. 约翰·哈布拉肯设计了一种玻璃砖——后来被称为 WOBO，又叫世界瓶（World Bottle）——用来建造房屋。

27

变废为宝

你能利用别人不要的东西吗？它也许能改造成其他东西。

用于建筑工程的泡沫支撑杆成了学游泳的古怪圆形浮条。

发霉的培养皿里孕育出了青霉素。克诺尔·里索姆用不合格的降落伞带做椅子。

你能用别人的废品做些什么呢？

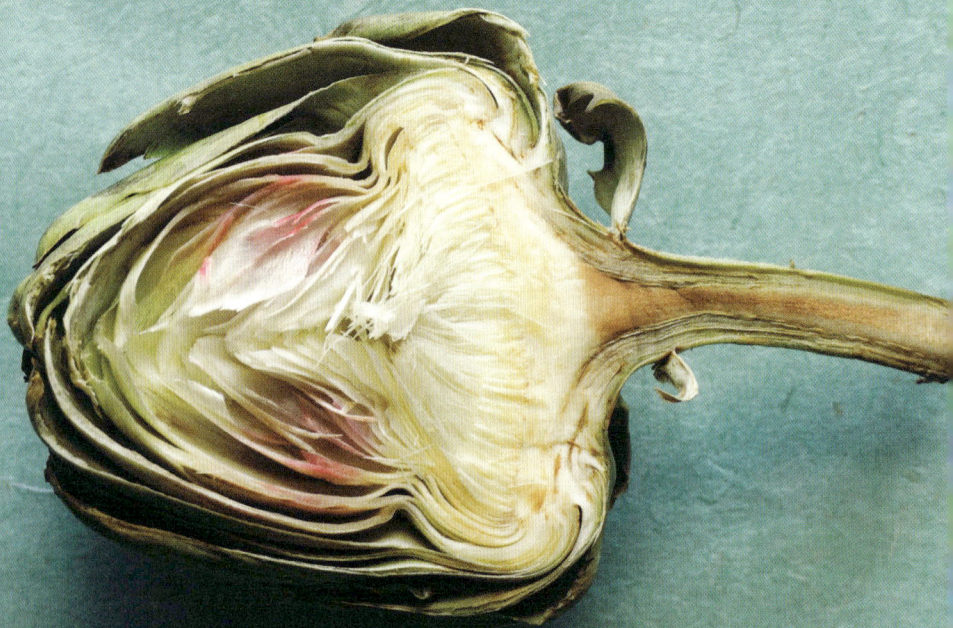

层层剥开表面，找出最重要的一点——问题的核心。

28

找到要点

方案得以存在的基石是什么？
它有哪些最基本的特性和特
质？问题的实质是什么？

在一本杂志里随意挑选一个段
落，或使用你刚才收到的邮件文本。
用钢笔或马克笔划掉多余的词语。不
要考虑名词还是动词，划掉对于段落
大意来说多余的词语。你能从剩下的
句子中明白段落的意思吗？你能做到
什么程度？

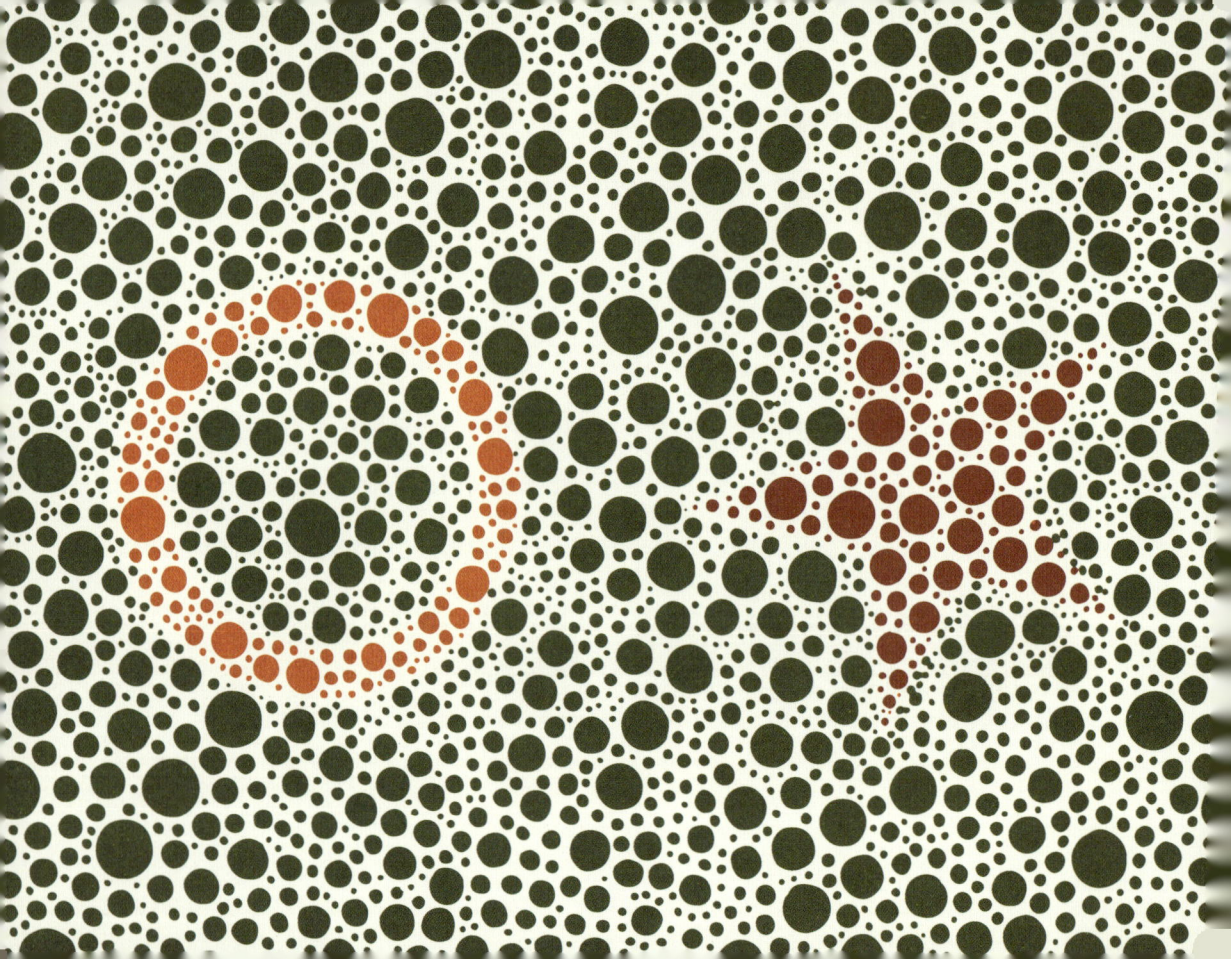

29

不要视而不见

有时候，问题的答案就摆在你面前——你只要看对方向。

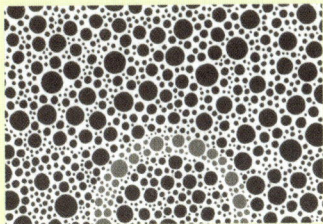

第二次世界大战中，经过数月的挫败，艾伦·图灵的密码破译机"甜点"仍然无法破解德国恩尼格玛密码机生成的密码。后来，图灵在每天的信息里发现了频繁出现的常见短语，比如天气预报（今晚的天气）和无处不在的"主席万岁"。通过搜索产生这些常见短语的组合，"甜点"终于破译了密码。

左图：圆圈和五角星看起来似有似无。如果患有红绿色盲症，你几乎不可能看到红色五角星，而且你看到的图像甚至会和圆圈一模一样。

Fig.2.

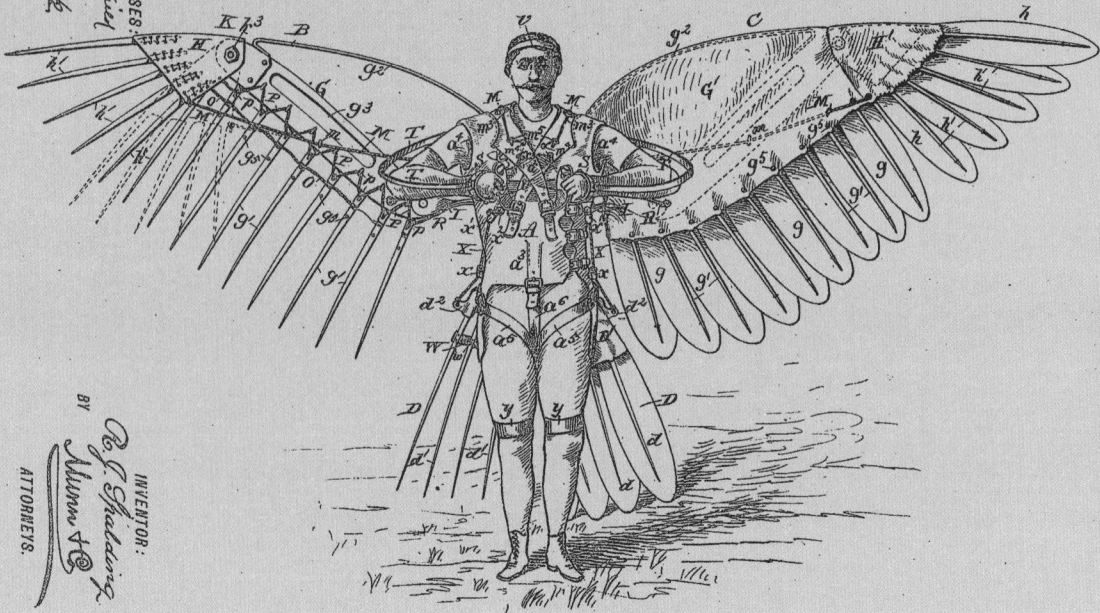

30

像乐天派一样思考

试试哈佛教授、社会心理学家艾米·卡迪的研究成果：摆出超人或者神奇女侠的站姿——双手叉腰、两脚分开、昂首挺胸。只要保持两分钟这样的站姿，就能让你对接下来要做的事充满信心和力量。

前方唯有成功。2002年诺贝尔经济学奖获得者丹尼尔·卡尼曼说，是"盲目的乐观"推动了人们的进步——如果人们知道他们没有胜算，他们根本就不会去尝试。

"别担心世界末日，明天它就到澳大利亚了。"

——查尔斯·门罗·舒尔茨，美国漫画家

什么是
你的超能力？

"想象一下，我们能否用双手测量宇宙，或用皮肤品尝草莓的味道……"

——安娜·雅艾尔，插画家

建议的力量

眼见未必为实。

31

像间谍一样训练自己

不管在餐厅里、火车上还是办公桌旁，暂时闭上眼睛（如果有种危险的感觉，那就对了），努力回想周围人的细节。他们坐在哪儿？穿着什么颜色的衣服？他们在做什么事情？睁开眼，检查你的记忆成果，然后再试一次。选择每一个人与众不同的细节进行记忆，这样更容易记住他们的位置。

甚至连一点儿油漆都能骗你。

在上面的艺术品和以前的作品中，菲利斯·瓦里尼使用了变形幻觉——空间的视觉扭曲来混淆观众的2D和3D感来欺骗你的眼睛。是不是感觉自己被愚弄了？

32

善于观察

锻炼敏锐的观察技巧——

就像赢得美国独立战争胜利的"卡柏间谍"中代号711的特工一样

　　战火从波士顿烧到了纽约，乔治·华盛顿需要更多的情报来抵御英国军队的推进。他必须暗中行事。在他的指挥下，陆军少校本杰明·塔尔梅奇在英国士兵的眼皮底下招募了一批士兵和平民来传递敌方的活动信息。他们使用卡柏间谍代码以特定方式晾晒衣服，甚至还使用隐形墨水。一名战败的英国军官将这些创造性的消息传递方式诋毁为——"只是窥探英国的卑劣行径"。

crust of the rye-bread
you know wha
on squeezi
ve got some
some more, the starving
it in two and
ne set her
As I repelled
fortifying, the
shrunken
for a s
Gwenny
of brown
How
CRIME CLUB SELECTION

破

后退一步，

整理、

评估、

舍弃，

筛选出好主意。

"空气中充满灵感，它们一直在敲打你的脑袋。

先确定你想要什么，然后再忘记它，

只管将精力投入你的事业。

突然之间，灵感就出现了。它一直就在你身边。"

——亨利·福特

这 是 一 个 愚蠢的 想法

如果有人告诉你，他准备卖掉成千上万个头上会长植物的小泥人，你会相信他吗？

早期一名对收银机持怀疑态度的人问："谁会为不针对具体个人的信息付费呢？"

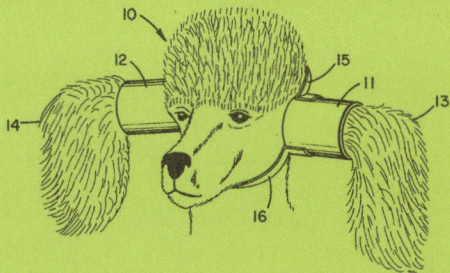

詹姆斯·D.威廉姆斯"动物耳朵保护器",
美国专利号4233942,1980年11月18日

右图:B.奥本海默设计的"火灾逃生工
具",美国专利号221855,1879年11月
18日

33

那又如何?

有时候,坏想法会给好想法打开
大门。它们可以从另一个角度启发好
主意。

别人是如何改进你的蠢主意的?

灵感的
故事

薯片的

发明

乔治·西班克·克鲁姆是纽约萨拉托加温泉城月亮湖餐厅的主厨。1853年夏天，他遇到一件令人沮丧的事。一名挑剔的顾客不断地把他炸制的炸薯条送回厨房，说它们太厚。克鲁姆生气极了，决定给这名顾客做一份最难吃的炸薯条。他把土豆切成纸一样的薄片，炸得硬邦邦的，最后洒上细盐。结果，令克鲁姆震惊的是顾客声称这道菜很好吃。于是，"萨拉托加薯片"诞生了。

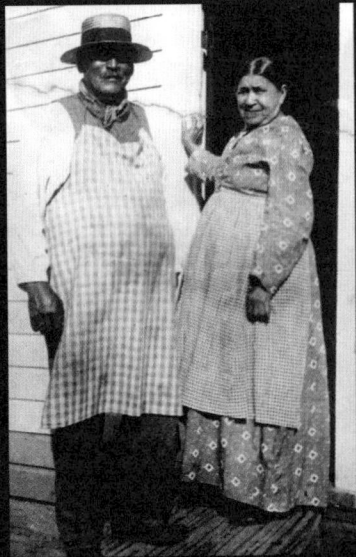

这家伙去哪儿？或者更重要的是，他打哪儿来？

这真的是一个公文包吗？里面有什么呢？

34 提问

当个记者吧。有时候你会惊讶于人们告诉你的事。开始时就提出恰当的问题，通常会为你开辟出一条正确的前进道路，有时甚至能帮你解决大问题。大多数时候，问题的答案会指引你该怎么做。

马里奥·普佐在回顾《教父》的创造过程时说，为了研究帮派成员，他在拉斯维加斯金沙酒店玩轮盘的时候，花了好几个小时向发牌人和监督人提问。在监督人确认他既不是警察也不是调查人员后，就开始和他聊天——只要他能继续赌下去。

反其道
而行之

厌倦了巡演、音乐和自己后，甲壳虫乐队改头换面，变成了——比伯军曹寂寞芳心俱乐部乐队。

35

先停下来

如果你的目标很高，降低一点儿。

如果你使用蓝色，换成橙色。

如果它是方形，改成圆形。如果你弄错了，那就错到底。

把你的作品上下颠倒或左右颠倒。

它看上去变好了还是变差了？

你发现缺点了吗？

rigeminal nerve have been most disappointing and do not
while procedures in the treatment of this condition. First
must be recognized that by and large migraine occurs in a
of neurotic people with a characteristic personality profile.
telligent, ambitious, energetic people. Most of them are "per-
y can not tolerate carelessness, imperfection, inaccuracy in
associates or their servants. The world and its people being
such people are uncomfortable much of the time, and under
of nervous strain than affects the rest of humanity. An under-
own personality is important to them. Directive or un-
of psychotherapy are often therapeutically successful. Very
stration of some mild sedative, such as phenobarbital 1/2
) two or three times a day, is often helpful to them. Many
will be found to be doing two jobs instead of one. Women
business in the day time and take care of their family and
They must be taught that for them such overactivity and
at too high their health is concerned. Sec-

他山之石可以攻玉：让你的知识和经历编织出全新的样貌。

ular must be forbidden. In spite of
and physician it is rarely possible to remove all possible
us tension, or all foods to which a given patient may be
fore to occur from time to time
be accomplished

36

读一些完全不相干的书

越不相干越好——勃朗特、流行杂志、科学研究、犯罪小说、苏格兰高地罗曼史——说真的，什么都行。突然间，你阅读过的东西会和你的方案联系起来，告诉你前进的方向。

真心想要行动起来?

去图书馆，在那儿等第一本被还回来的书，将它借回家。至少读完开头的50页。

杰克·琼斯7岁时读了马克·吐温的《苦行记》，震撼于马克·吐温对郊狼可怜、孤单的描述。他发觉这种动物实在太迷人了，因此，许多年后，他受这本书的启发，创作了华纳卡通的经典形象——"歪心狼"。

如果还有用，
就不要扔掉！
这是印度一个
随机应变的例子。

37 学会利用手边的资源

"对我来说，在飞机浴室里比在凡尔赛的花园里更容易拍出10张好照片。"

——萨莉·曼，摄影师，摘自她的回忆录《静观：摄影回忆录》

有时候，太多的资源会让你无从选择，或让你的解决方案过于平淡……换句话说，你会懒得动脑。印度人非常推崇"jugaad"文化——意思是因地制宜地利用手边的资源创造性地解决问题。自行车把手没了？汽车方向盘可以顶上。用一台空调同时给两个房间吹冷气？给空调系一条裤子，一个房间分一个裤腿——真是妙招。全球最廉价的塔塔纳努汽车便是这种文化的极致表现。

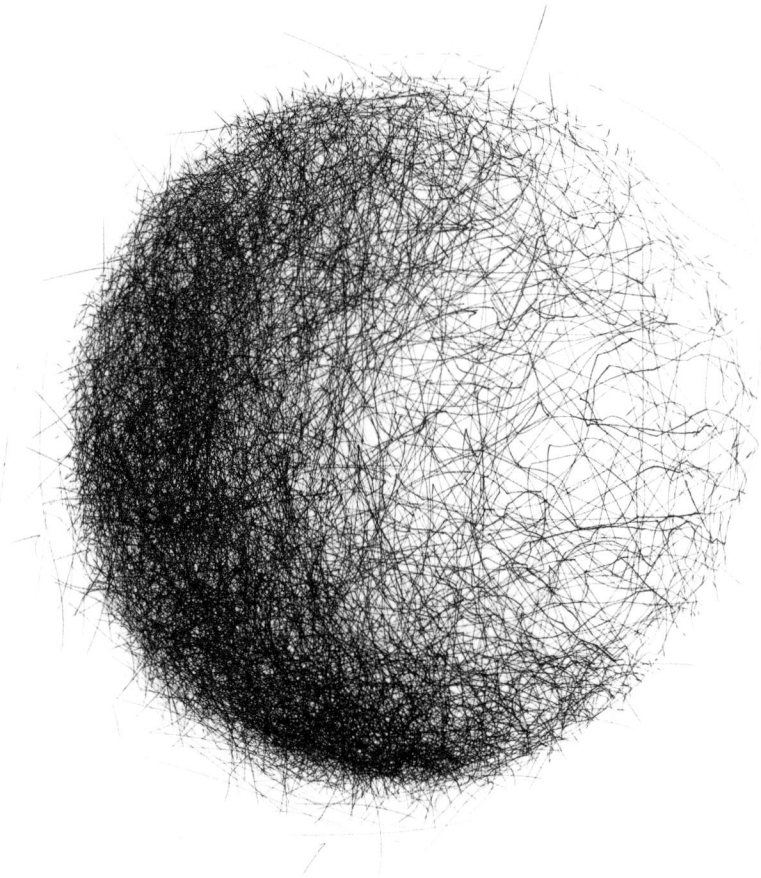

如果把一切交给风（或叶子）会怎样?

2005 年，马克·奈斯特龙被飘落在雪上的橡树叶形成的图案激起了灵感。回家后，他决定对见到的场景进行再创造，于是他便将塑料瓶切割成不同的形状，将塑料片一一系在雪地里的棍子上。因为他想要永久地记录这一切，他就创造了一种装置——把钢笔用帆悬在纸张上方。这幅题为《风，2005.11.29，马萨诸塞州曼斯菲尔德》的画作，就是对那一天风况的记录。

最苛刻的条件能孕育
出最有创造力的作品。

**试着严格地
约束自己：**

如果你只能使用五金店提供的零件制作装备，你会如何做？

如果你只能使用3种工具建造房子，你会如何选择呢？

只用一种颜色进行室内设计，你会如何选择？

如果你只有3个小时去完成项目，你会怎样去做？

只用3个音符创作一首乐曲，这可能吗？（约翰·凯奇的作品《4分33秒》里一个音符都没有。）

你能做到吗？

大胆尝试，你会在尝试中明白你真正缺少的东西。

成功小贴士：选择一个主题，限制时间和颜色。

原始版本

解构版本

新（改良）版本

解构

38

拆分你的创作，仔细思考各个部分。哪些是最好的？将其他部分去掉。

彼得·海勒在《狗明星》这本书中对段落进行了解构。小说大部分由简短的句子写成，有时候，整个段落只有一个单词——"and"。但这种风格所表达出来的情感和讲述的故事，却正合你的心愿。

Two weeks ago, Mohamed Abdi 我
Hassan travelled to Brussels, to par-
ticipate in what he 想 was going to
be a documentary about his life. Instead,
he 是 arrested at the airport and charged
with having led an attack on a Belgian
ship off the coast of East Africa. That is
how you would tell the story in regular
English. But in the morning paper, as
Robert Hutton explains in "Romps, Tots,
and Boffins," his guide to "the strange
language of news," such an event must be
rendered in headlines as (in the *Austra-
lian*) "MOVIE-PROMISE STING NABS SO-
MALI PIRATE" or (per the slightly chattier
Associated Press) "HOLLYWOOD-STYLE
STING NABS ALLEGED 一名
PIN." Hassan might have been called 海盗王

Jordan, waiting to board a flight that
would take him and other members of
the press corps back to London after a
trip to several Arab states with Prime
Minister David Cameron. It was 4 A.M.
"We all had this slightly manic air of peo-
ple who had been up for a long time,"
Hutton recalled recently. By the follow-
ing evening, the list of words had two
hundred and twenty-five entries 但
他 writes, "we still didn't 几个 sky-
rocket." A 月后 Hutton was
with Ed Miliband, the Labour politician,
on a tour of Scandinavia. Their plane had
a rough landing, and Miliband turned to
Hutton and said, "LEADER OF THE OP-
POSITION IN MIDAIR DRAMA." Later,
在吃早餐时 "Your journalese game
is obsessive 我清醒了 2 A.M. think-
The other day, in London, Hutton
agreed to meet a fellow-journalist for a

"涂涂"诗歌——涂掉不必要的文本内容创作自己的诗歌

试一试：

在杂志中挑选一个段落，

尝试用 3 种不同的方式表现：

1

列
成
一
张
表

2

拆分成词组
以一种新形式
重新组合

3

涂掉
你不喜欢的
词语……

灵感的
故事

可可·香奈儿　　和
香奈儿时装

1925年，加布里埃尔·可可·香奈儿走进澳大利亚巴伦酒店的电梯时，一眼就注意到了电梯操作员的制服。她很喜欢这名男性穿着的短外套，并很快将这种风格用在女性无领短上衣（现已成为香奈儿的经典款式）的设计上。可可钟爱这样的男装风格和潮流，并努力以此来追求女性的自由。她让黑色跳出葬礼的桎梏，让裤子成为女装的主流，用舒适和时尚帮助女性摆脱了紧身胸衣的束缚。

嗯……
这个法子
没用

在喜剧俱乐部第一次上台表演时，杰里·辛菲尔德就搞砸了。他被观众的起哄声给轰下了台。这并不是因为他的笑话很糟糕——而是因为他的表达和表演不到位。第二天晚上，他换了一个法子演出，然后大获成功，观众们拍手叫绝。

39

抓不到要点？

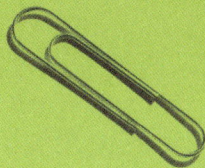

主要问题是什么？

在于想法还是在于执行？

缺失了什么？

如何补充？

和两三个朋友一起玩
"美艳僵尸"的游戏：
一张纸折成三折，然
后大家轮流在每一折
上画一部分角色形象。
注意，不要看上一个
人画的是什么。

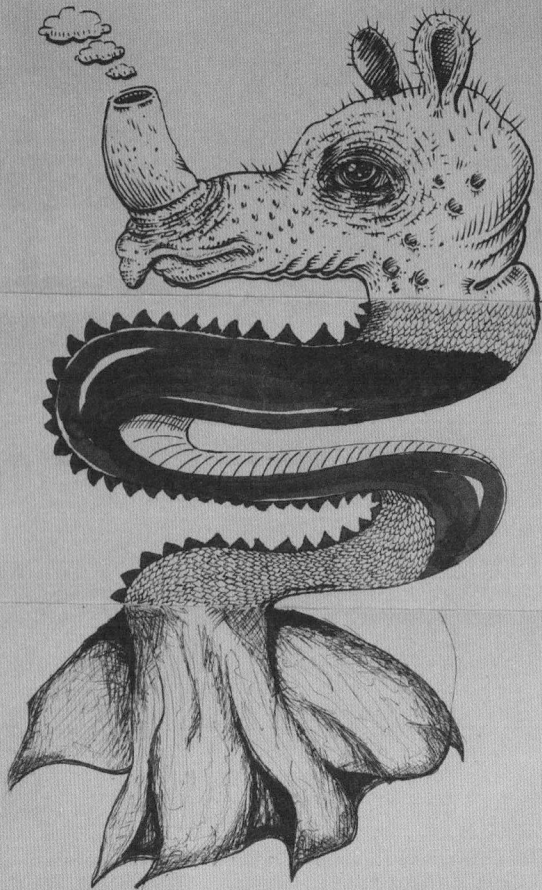

40

适时改弦易辙

也许你搞错了顺序。

如果把前后内容互换会怎样？

把中间部分移到末尾呢？

随你怎么改变，但不要刚开始就这么做。

假装你是导演昆汀·塔伦蒂诺。在电影《低俗小说》中，他放弃线性结构，采用循环结构来讲述故事：按年代顺序，电影的开头实际上是结尾，电影的中间部分实际上是开头，电影的结尾再次移到开头。发现什么了吗？

它还可能
是什么？

鼓槌

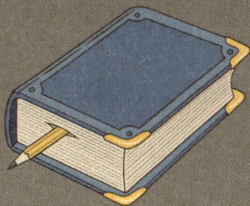
书签

取食签

柴火

筷子

船桅

箭

魔术棒

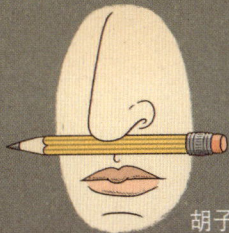
胡子

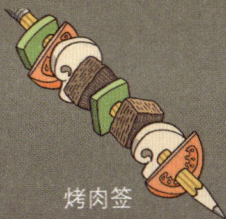
烤肉签

旗杆

剑

开车前检查车况时
意外拍下的照片

41

搞砸了也没关系

有时意外会变得十分有趣。位置放反了，拷贝时漏了一块，还贴错了地方：失误和意外往往会带来意想不到的效果。

制造意外，看看会发生些什么：在纸上洒点儿饮料？污迹会是什么形状呢？

在 Google 地图里输入错误的地址？不如将错就错去看看。

别看镜头或手机，随意拍摄照片——一天下来，你会得到些什么收获。

与其后悔失误，不如再看一遍：它可能比原来的方案更棒。

"我赋予所做之事以意义。我经常赋予所做之事以意义。我有时赋予所做之事以意义。我努力赋予所做之事以意义。"

——贾斯培·琼斯

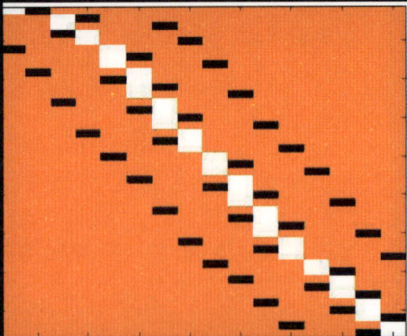

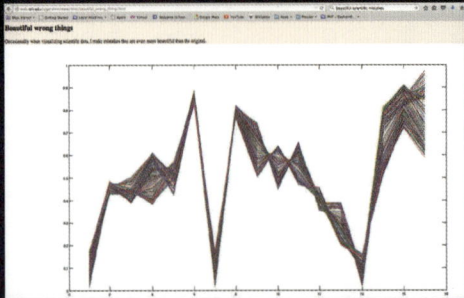

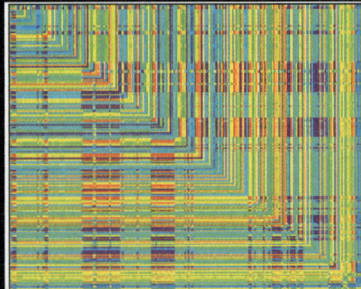

　　　工程师在处理设计难题时会采用一种叫作"迭代"的方法。

相比于自始至终一往无前，他们可能会进两步再退三步。

试一试：

设计

测试

发现问题

回到问题所在本质　　　　　　　　　通过修正问题这一不断重复的

修正设计　　　　　　　　　　　　过程，你会逐渐摸到成功的尾巴。

重复

"科学，我的小家伙，它由错误组成——但那些是有用的错误，因为它们逐渐在把科学引向真理。"

　　　　　　　　　　　　　　　　　　　　——儒勒·凡尔纳《地心历险记》

灵感的

故事

"机灵鬼"
的发明

理查德的妻子贝蒂查

遍字典，将玩具弹簧

命名为"机灵鬼"。

1943 年，工程师理查德·T.詹姆斯正在用扭曲的弹簧加固设备，突然，一根弹簧从架子上掉了下来。它翻过来覆过去，一直蹦蹦跳跳，最后缩回原来的样子。理查德深受启发，用了一年时间尝试制作相同类型的线圈。当这一玩具在附近的小孩中间引起轰动时，他和他妻子才意识到——他们做出了好东西。

"人人都知道'机灵鬼'！"

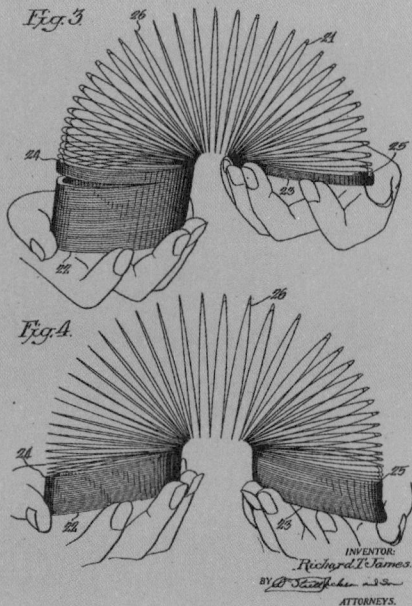

Jan. 28, 1947.　　　　R. T. JAMES　　　　2,415,012
TOY AND PROCESS OF USE
Filed Aug. 21, 1946　　　3 Sheets-Sheet 2

Fig. 3

Fig. 4

INVENTOR:
Richard T. James.
BY
ATTORNEYS.

你会问谁?

43

听听别人的心里话

如果他们不喜欢你的作品，问一句为什么。互相坦诚地聊一聊。也许，你的一个微小举动就能彻底改变他们的反应。也许，你的作品中确实有很大的问题需要解决。

小诀窍：找对人才有效。多数人看待事物时会带入个人喜好……可能他们不喜欢黄色，所以不喜欢你以黄色基调创作的作品。

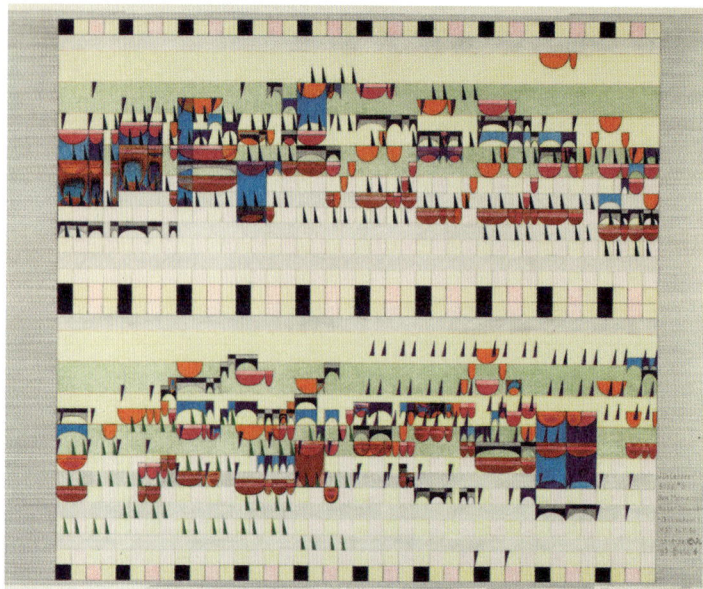

约翰·德·塞萨尔的作品《圣母颂变奏》（1956年）将音乐转变成一幅装饰艺术风格的绘画。

44

试试莫扎特的音乐

用音乐为灵感营造出禅意环境。法国医师阿尔弗雷德·托马提斯发现，相比其他作曲家（不考虑个人喜好），莫扎特的音乐更能抚慰听众，增强他们的空间知觉，并让他们清晰地表达自己。

……或者喜欢什么听什么

不同的思考方式需要不同的音乐类型：选择合适的音乐、合适的音量、合适的时间，这样就可以水到渠成。熟悉的音乐会让你更加专注，因为一切都在你的意料之中，你的大脑对音乐的变化毫不惊讶。

假如用音乐来表达你的作品，你觉得它听起来会是什么感觉？嘹亮的还是柔和的？空灵的还是恢宏的？柔和的还是刺耳的？试着在脑海中为你的作品"配音"——这会帮助你保持作品的基调。

这是一张 1952 年为瑞士汽车俱乐部设计的海报，约瑟夫·缪勒·布罗克曼放大了尺寸和角度，从而形成了一种动态的视觉冲击。

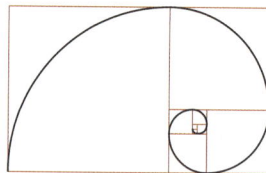

尝试遵从黄金比例……
你永远都不会出错！

45

尝试改变形状、尺寸、比例和颜色

也许有什么太大或者太小。也许你搞错了大小关系。尝试把大变小，把小变大。或者你需要彻底让它们并列。调整两者之间的比例，也许你的作品就会焕然一新。

为了让留声机播出最好的声音，托马斯·爱迪生试验了各种形状的喇叭：圆的、方的、有角的、薄的、短的、粗的、弯的，还有长度达到6英尺的。

46

转换视角

也许你需要从一个全新的角度去看待问题——上面、下面、颠倒或倾斜。试一试拍照时让对方处于取景框的边上。或者，试试用一周的时间只从俯视或仰视的角度拍摄。

也可以像别人一样思考。站在其他人的立场上看待问题——比如善于分析的朋友、感觉敏锐的朋友、小孩，或者诸如海盗之类的虚构人物。

瓦西里·康定斯基，《第7号作曲》（1913）

对于具备神经"联觉"的人来说，感觉会异乎寻常地相互交织。例如，音乐家伊萨克·帕尔曼、艾灵顿公爵、法瑞尔·威廉姆斯和比利·乔素以能将颜色与不同的音符、音色和音调联系起来而著称。作曲家弗朗兹·李斯特经常让管弦乐队摸不着头脑，他会说："哦，先生们，请来点儿蓝色吧，如果你们愿意的话！"

文摘：

你能闭上眼睛用一种颜色或者味道来描述你听到的声音吗？它是什么味道？什么颜色？

安东尼·多尔在小说《看不到的光明》中描述了盲人角色玛丽·劳尔如何在想象中用颜色来看待万物。她用各种不同的颜色来"看"亲爱的爸爸在干什么、和谁说话：他在和博物馆部门主管谈话——亮红色；他在尝试做饭——橙色；他在和家庭教师弗勒里小姐说话——天蓝色。

澳大利亚原住民艺术家用"黄金时代"风格的绘画来描述祖先传承给他们的故事和知识。托比·布朗的作品《地毯蟒之梦》描述的是地毯蟒从中间圆圈里的岩石洞向西而行，然后再回到中间寻找另一条地毯蟒分享食物的故事。

47 借鉴过往经验

哪种风格的艺术、时装、设计或建筑式样最能激发你的灵感？如果可以选择，你想生活在什么时代？这种风格或这一时代里的哪些元素可以成为你的作品基底？

我们的开国元勋很聪明。他们借鉴了一种成熟的联合机制——易洛魁联盟：六个不同的部落团结在一起，但各自保持主体独立。美国政府的建立融入了许多易洛魁信念，其中对幸福的追求成了三大"不可剥夺的权利"之一。

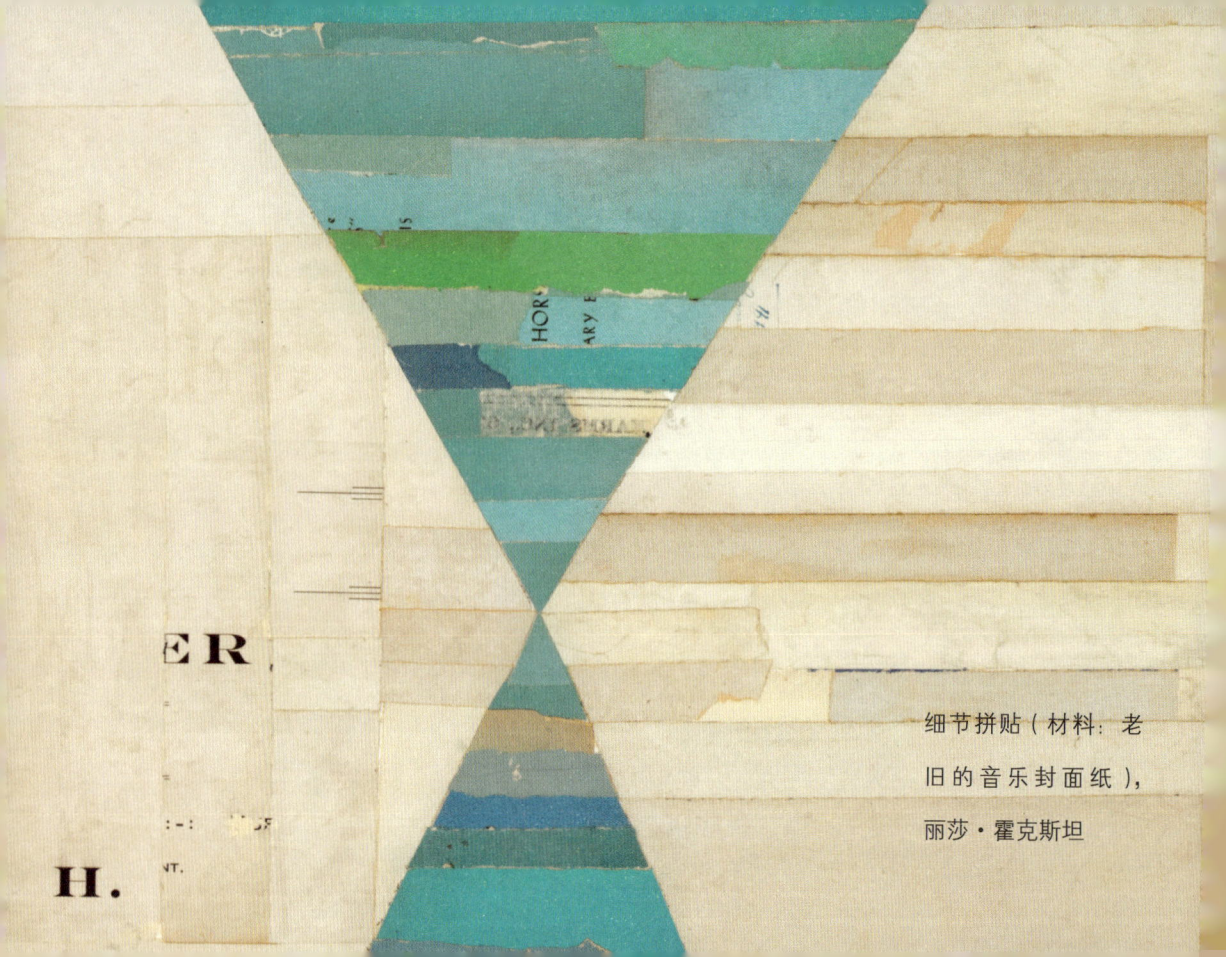

细节拼贴（材料：老旧的音乐封面纸），丽莎·霍克斯坦

48

和朋友聊天

别说话，只管听。即使对方聊的只是日常，也可能启发你找到问题的答案。如果忍不住想说，那么就和朋友聊聊你的问题，但要听听对方是否有不同的看法。

聪明如爱因斯坦也需要倾诉。一次，为了弄懂其他科学家的最新试验和研究成果，他去瑞士拜访朋友米歇尔·贝索，向他诉说"困扰"。经过一天的长谈，他离开了。第二天，他再度现身，并且告诉贝索他把问题解决了——在新灵感的启发下，他创立了伟大的相对论。

右边的哪条直线与

上面的直线相同?

阿希从众实验

1951年，所罗门·阿希进行了一项实验，实验中他向18个实验组问了上面的问题。在12次实验中，7名演员会首先大声地说出错误的答案，真正的实验对象必须最后回答问题。阿希发现，虽然明知答案有误，但三分之一的实验对象仍会给出错误的答案——仅仅是为了从众。

49

也许你和同一个人聊得太多

　　广阔的世界里有许多背景和经历各不相同的人。他们也许能帮到你。开始对陌生人说上一声"你好"——水管工、肉贩、司机、农贸市场里的商贩——请他们聊聊各自的经历。在不经意间，他们也许就能打开你记忆的锁链，让你在脑海中创造出新的联想。

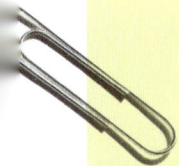

《移植7号》，
苏珊娜·鲍尔

50

分享你的想法

贡献出你用不上的好主意。也许有人能加以完善，并根据你的想法得出新的灵感。与人为善，你会得到回报。

假如

每件事都和你预想中的有点儿不一样?

1小时内你会开怀大笑。

下周你会品尝到人生中最棒的美食。

昨晚的事？忘掉吧。

过了明天下午，你会变得更好。

从今天起交一个新朋友。

你会收到一枚人生幸运币。

明天下午阳光灿烂。

明天你会忘掉烦恼。

两周内你会遇到好运。

明天下午你会找到喜欢的新色彩。

你的下一块幸运饼干会更加灵验。

向前走，别回头。

51

学会舍弃心头好

你有一个很有前景的好主意，可它就是不起作用。形状不对、结构不对，反正是没感觉。你必须舍弃这个好主意才能继续前进。

52

"卡壳"了？

左图：艺术家香侬·兰金在她的网站上称，她用"地图语言"来探索图案之间的关系。这是其作品《萌芽》的细节图。

　　停一停，然后从头开始思考问题。哪些想法没有实现？"瓶颈期"不可避免……但你可以克服它，如果你勇于挑战的话。你必须对存在的问题进行审视、评估、深挖和体会，开辟一条前进的道路。道路一直存在——但找到并不容易。

也许你可以像吉姆·德内文一样更加艺术范儿一些。德内文带着耙子在沙滩上走了好几英里，创作了一幅巨大无比的复杂图案，不过，它注定要消失在潮水之中。

53

散步去

"在生产型文化里，思考通常被认为是无所事事，无所事事备受诟病。最好的方法是把它伪装成别的东西，而和无所事事最亲近的莫过于散步了。"

——丽贝卡·索尔尼《漫游》

别想了，散步去。边走边注意色彩（或丑或美）、涂鸦、废品、路标和景观特征。梭罗、尼采和康德都是长途漫步的忠实粉丝，这让他们能更加清醒地去思考创造性的想法。

试着到从没去过的地方散步——咖啡店、商店、酒吧或者城里的任何地方——去发现你平时没注意到的趣事。

"沉默是孕育智慧的温床。"

——弗朗西斯·培根

《沉默》，布莱恩·鲍尔斯

放空自己 54

平息思绪。

给大脑一点儿空间。

多力多滋煮蛋定时器，

哈维尔·佩雷斯

55

Google高层丹·科布里解释说，公司餐厅的等候区"被故意设计得很长……因为我们知道大家在等待的时候会聊天。聊天就会产生新想法，而新想法会变成新项目"。

等待

……等待咖啡，等待火车或公交，等待音乐会入场，或者是排在队伍里。不要看手机和书。就那么站着，看、听，或者就是待在那儿。看看你是否会经历3个阶段：忸怩，无聊，最后完全被好奇所占据。

观察人群，玩一玩"他们有何故事"的游戏。尝试只通过观察人们的行为来判断他们的职业、家庭状况和生活情况。或者只看他们的鞋子，选出你最喜欢的一双，数数多少人穿着相同颜色的鞋子。等待结束之时，你会感到惊讶（还有点儿失落）。

"假如你持续钻研一个问题，就会执着于已有的方法……休息一下，想想其他的，给大脑一点儿时间……慢慢忘记原来的方法。这样，在你回到最初的问题时，更加开阔的思维会促使你发现更多新的可能——灵光闪现的时刻到了。"

——戴维·布尔库什

《哈佛商业评论》

56

休息一下

　　真的——是时候干点儿别的了。随便什么，只要能让你的注意力从这个项目上移开。你的大脑需要"关机"后再重启。

澳大利亚悉尼大学智力研究中心进行的一项研究中，索菲亚·埃尔伍德及其研究团队发现，在处理同一个项目时，中途短暂休息的一个小组会比另外两个持续工作的小组产生更多的想法。

劳里·弗里克的大脑在她睡觉时非常活跃。她用睡眠追踪头带收集了近1000人的夜间睡眠数据，并将其转变为艺术作品。她写道："睡眠有明确的模式，其间的活跃度你难以想象。深度睡眠与浅层睡眠相互转换的时间比我想象得更短。"

57

睡觉去

也许你觉得熬夜思考会有帮助，但生理神经学家拉塞尔·福斯特表示，夜间的睡眠能提高我们的创造力。大脑会在睡眠中处理白天接收到的信息碎片，将其与"你的过往经验和未来期望进行联想"。了解这一点，也许你就不会熬夜了。

IN AMERIC

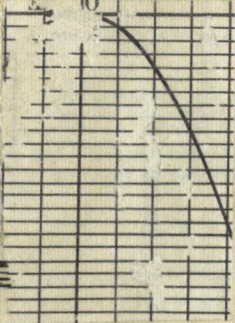

Thinking is essential

n English

$= \frac{1}{8}\sqrt{3}$
$= \frac{1}{8}(1.732)$
$= .577.$

LE HACHETTE

PARIS

EUVIÈME ÉDITI

PAR
L. BRUNEL
Docteur ès lettres
r de première supérieure au lycée Henri IV

NOTES HISTORIQUES ET GRAMMATICALES

typography,

Dictionary

correct usage and meanin

• **Provides easy-to-read, cle**

In addition to the vocabulary, this dictionary contains

over 50,000 words and phrases, this 2-in-1 volume is

breviations, weights and measures, and an alphabet

TACLES

立

采纳好想法，

思考、

执行，

大步向前。

"这会很难，但努力一下也并非不可能。"——恰克·帕拉纽克，作家

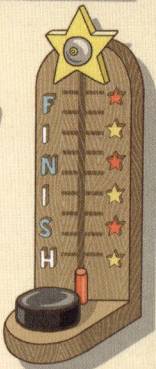

58

图解法

为你的方案画一张流程图。

画不出来?

你在哪一点上纠结?

原因是什么?

一环一环,

环环相扣。

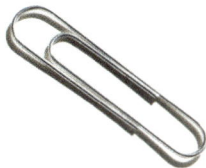

灵感的
故事

摩天大楼

的发明

"我必须

在别人

到达更高的高度前

完成它。"

——威廉·勒巴

隆·詹尼

人类对高度的追求永无止境。

青少年时期，威廉·勒巴隆·詹尼在菲律宾逗留过。他发现当地的房屋框架由竹子建成，轻巧灵便，还能抵御热带风暴。多年后，他成了建筑师，需要解决让芝加哥变高的问题。想到竹屋，詹尼使用钢铁框架代替了墙壁，使得建筑能够造得更高。1885 年，位于芝加哥的 10 层的"家庭保险大楼"建成。这是世界上第一座钢铁框架结构的建筑，也是第一座"摩天大楼"。

59

试试再说

用一两天的时间专注于你的想法，看看效果如何。如果毫无进展，扔掉这个想法，再换一个。

查克·贝里喜欢在舞台上进行尝试，以此来观察观众的反应。1953年，贝里在圣路易斯的大都会俱乐部首次确立了自己的风格。他将一些西部风格的弦音融入了蓝调吉他之中，创造了"一种独一无二的乡巴佬音乐"。观众起初非常惊讶，但很快就跟随着新音乐的节奏跳起舞来。摇滚乐由此而来。

阿拉巴马吉河湾妇女用破旧衣服做成的棉被，是普通转变成不凡的榜样。这是玛丽·L.班尼特约于1965年创作的《屋顶》。

60

改一改还能用

过时或没用的想法能修

改一下用来做些别的吗?

"没什么想法是全新的,这不可能。我们仅仅是把许多以前的想法做了些思

想上的改变而已。正是这些简单的改变,使它们焕发了新的活力。"

——马克·吐温,《马克·吐温自传》

弗兰克·劳埃德·赖特希望古根海姆博物馆独树一帜。他希望观众进入博物馆后可以一路向前，而不用在长廊之间来回折返。受到自然的启发，赖特模仿鹦鹉螺的外壳设计了一座新颖独特的博物馆。

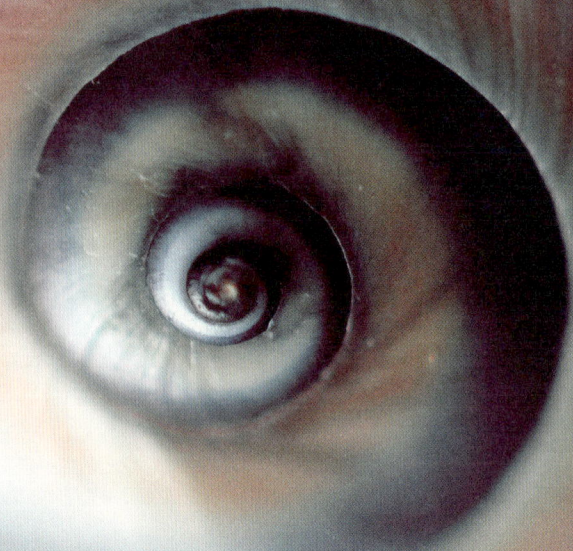

61 你要表达什么观念?

想法的背后有什么"理由"? 完成这个句子: 它的存在是因为……

想法的基石是什么? 它表达了一种新观点吗? 如果想法背后没有观念支撑, 你的作品就没有深度, 想法也可能因为不够强大而无法持续。

练习观念性的思考, 赋予日常生活中每一件平凡小事以观念。早餐是补充能量, 刷牙是焕然一新, 开车上班是重要的旅程。

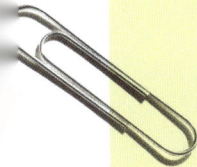

这是一个
测验

赫尔曼·罗夏根据一种瑞士游戏（称作"Klecksographie"或"Blotto"），发明了一种罗夏墨迹测验。在游戏中，孩子们先在纸上滴墨水形成墨迹，接着把纸对折再展开。然后，他们描述自己看到的形状，并用它们作为灵感来写诗或进行猜谜。你是如何描述自己的所见的呢？

哦，不错，你侧过来看这张图了……

虽然多数人从正面看到的是一张动物毛皮或某种器官，但这张卡片实际上能鼓励人们进行更多的想象。如果你把卡片侧过来（正如你刚才做的那样），你会看到一艘潜水艇正从水中浮上来。

罗夏测验卡片 6 号

你每天使用的26个大写字母都可以在这一构造中找到。

在石头上雕刻文字需要简化的字体。希腊人把字体嵌入一个简单的几何图形。

"画家阿尔布雷希特·丢勒等人遵循其简单而合理的逻辑：1个内接圆形的正方形被分成4个小正方形，每个小正方形内都嵌有圆和半圆。如此无限循环。"

——罗伯·卡特，《排版设计：形式与沟通》

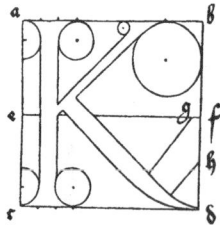

你的结构呢？

骨架、架构、网格布局、城市规划、星座、蜘蛛网、蜂巢——并然有序让一切运行得更好更合理。只要有了结构，你就解放了。

伊丽莎白·吉尔伯特用108颗念珠项链设定了《美食、祈祷和恋爱》这本书的结构。在印度教和佛教中，108是一个幸运的数字，是"三的倍数的完美三位数"，代表着至高的平衡。"我决定使用念珠的形式，"吉尔伯特说，"把全书分成108个故事，再将108个故事主线进一步分成意大利、印度和印度尼西亚3个部分——我今年实地调查过的3个国家。这意味着每个部分有36个故事，这对我个人来说非常有吸引力，因为我写这本书时恰好36岁。"

glass

GLASS

GLASS

glass

OTHER GLASSES

TUMBLER

TALL GLASS

ROCKS GLASS

分类只需对你有意义即可。

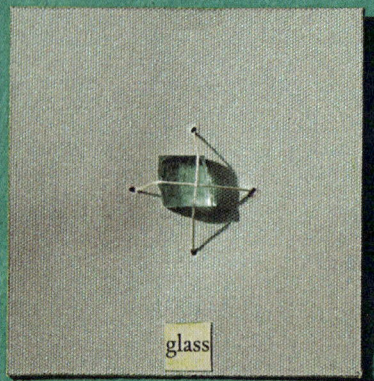

装订师苏珊娜·怀恩伯格写道："当你
看着一堆碎玻璃或碾碎的种子时，碎
片或种子看起来全无分别。但当你捡
起每块碎片或每粒种子，把它们依次
排在一起时，就会发现它们各自的独
特之处。我爱这样的时刻。"

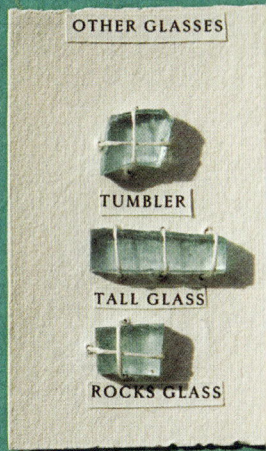

分类

有序地进行分类或许对你有所帮助，想一想杂货店的货架。准备一些色彩不同的笔记卡或文件夹，制作一份电子表格，画上一张饼状图，或是用不同的标题列一张清单。

甚至时间也被分类了。20世纪以前，每个城市有各自的时间，但随着交通工具的进步，人们开始在全世界快速地流动，这样，时间系统便会变得混乱不堪。1876年，桑德福·弗莱明爵士提出了一个方案（他当时是一名土木工程师，厌倦了总是错过火车）。弗莱明以英国的格林尼治（0°经线）为标准时，将世界分成24个时区。铁路系统很快就采用了他的方案，但《标准时间法案》直到1910年才生效。

饼状图
的发明

　　苏格兰政治经济学家威廉·普莱菲发现，读者很难看懂表格形式的信息。他意识到，如果能以直线图或柱状图等更形象化的方式来表达信息，人们会更容易对比和记忆。在1801年出版的《统计摘要》一书中，普莱菲设计了一种比较欧洲各国收入的新图表，用大小不一的圆形来表示每个国家的面积。由于土耳其帝国横跨3个大陆，他不得不把圆形分成3个部分：绿色代表亚洲，红色代表欧洲，黄色代表非洲——第1张饼形图就此诞生。

这就是最终结果:

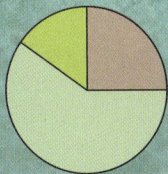

这不是一个
（罗夏）
测验

你能在这张图里看出多少不一样的东西？一个大脑？一颗洋葱？两只变形虫？还有呢？

"如果机会来临，
不要筑起高墙。"

——弥尔顿·伯利

或者写下你的使命宣言。想一想哪些词句能够总
结你想要实现的成就。你想创造什么样的体验？

64

写下使命宣言

公司用使命宣言定义目标和客户价值，非营利组织用使命宣言明确捐赠用途。对于个人来说，脑海中回响的宣言有助于保持专注，你也可以把它写在纸巾或墙上的海报上。简单的宣言即可。例如，如果你正在设计一本番茄主题的书，宣言可以是这样的："我想要这本书如夏日般灿烂。"

在商业领域，你的宣言是明确你的USP（独特的销售主张）。

"我们帮助孩子认识他们的潜力，创造他们的未来。我们培养孩子，也加强社区的力量。"——大哥哥大姐姐组织

同样的东西
不同的特点

有利于

剥皮直接吃

切片放在麦片里

制作鲜果奶昔

冰冻后品味

有利于

烹饪后再吃

烘烤香蕉面包

涂在燕麦饼干、薄炒

饼或法式吐司上

让蛋糕更爽口

65 评估比较

事实证明，你不是在真空里工作：其他人也在思考同样的事情。是时候再重新思考一遍了。既然你有了更好的想法，去了解相关的一切，看看前人的经验。还有其他版本吗？给你留下第一印象的是哪个版本？你为什么认为这个版本更好一些？它更好的原因是什么？

有解决方案了吗？

☐ 是：它的优点和缺点是什么？

☐ 否：为什么没有？

积累小目标

66

像马拉松选手一样思考

马拉松选手进行训练时，需要每天给自己设定一个可达到的小目标。

"目标是通往成功的路径。没有好的目标就无法激发你的潜能……目标一定要具体：用'5000米快30秒'取代'跑得更快'，或者用'每周跑5天'取代'多跑一点儿'。"

——凯夫·莱齐吉，2004年奥运会银牌得主、2009年纽约市马拉松及2014年波士顿马拉松冠军

引人

你的方案足够大胆、有趣和充满活力吗?

张扬的一切是如此令人兴奋。大声宣告自己——披上大胆的红色外衣,敲起进击的鼓声,再来一些真正的战斗檄文。

注目

或者保持寂静——一首歌的开始可以是低声,一本黑色的书可以有一页白纸,一部动作电影可以按下暂停键以获得更多惊喜。带我们去兜风吧……拜托。

它揭露了隐藏于≥
面之下的美丽分层
《螺旋1号》细节图
莫德·凡图尔斯

67

像演员一样思考

凝练你的方案，就像演员准备演出角色时做的一样。你的背景是什么？谁是方案的对象？为什么？它属于城市还是国家？它是某个大家庭的一部分吗？它的过去短暂还是漫长？它的目的是什么？

为了演好电影《丝克伍事件》中的角色，梅丽尔·斯特里普做了许多幕后工作以了解凯伦·丝克伍的生活。她在接受罗杰·埃伯特的采访时说："基本上，我认为人们对你的印象不尽相同。你的爱人、母亲、同事，对你都有不同而矛盾的印象。因此，我得到的人物形象不是来自一个人，而是来自三四个人。"

Osterizer Galaxie

循环 ● 混合

丢弃 ● 　放弃 ● 　粉碎 ● 　挤压 ● 　混合 ● 　整理 ● 　组织 ● 　融合 ● 　显灵 ●

OFF

68

别再学乡村音乐录像

更简洁一点儿。试着用一种独特的方式给受众更多的信息。要么展示，要么讲述，但不要两者同时进行。

一张名为"迷途卡车"的图片并不能让读者停下来思考。不要展示表面的描述，而要展示背后的东西：沙地上的轮胎印。

69

保持开放心态

即使初步设想已经形成，也要清楚它还有不断改进的空间。不要认为你已做到完美，或者认为结果会如你所愿。如果不虚心接受其他意见和可能，你也许会错失改进的机会。

在电视剧《天生冤家》里，菲利克斯·昂格尔说："武断让你我像个傻瓜。"不过，显然，托马斯·爱迪生比他更激进——他请候选研究员外出用餐，如果候选人没尝味道就往汤里加调料，就会被淘汰。因为爱迪生不想和惯于主观臆断的人共事——即使只是给汤调味。

《云，云，曼哈顿》，选自《云系列图片》（2002）

由纽约市VAGA公司授权

2001年，维克·利

斯想要给纽约人一

抬头看天的理由。

借助一家喷洒农药

飞机创造了一系列

的轮廓。"观云作为

测手段和娱乐方式

经流传了几个世

一个人认为是战

另一个人可能认为

熊或天使。这些形

来自观察者的内心

——维克·穆尼

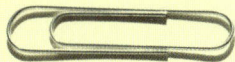

试用

把它贴在办公室里或电线杆上，或者放到网上。人们看、用或做时有什么反应？假如没有动静，原因是什么？客观地说：你喜欢它吗？你真的会购买它吗？

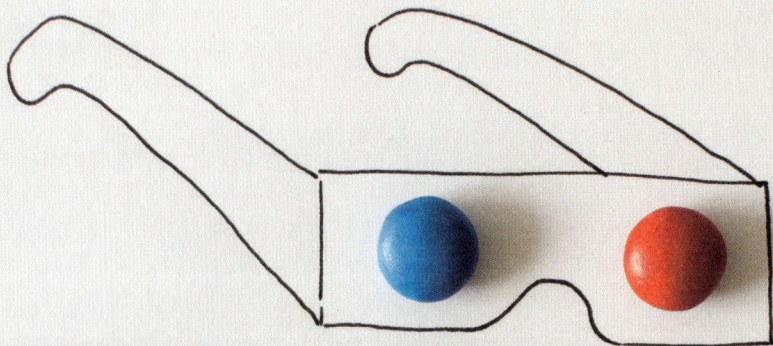

制作老 3D 电影需要红蓝两
色。有色滤镜让红色光线进
入左眼，让蓝色光线进入右
眼。接下来就是大脑的事了。

71 | 也许你需要一个搭档

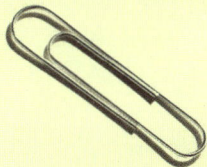

寻找和你性格互补的人。也许他/她有一辆车可以送你去要去的地方。也许你只需要放手就好。让别人接管一段时间，提供一个新的方向。

阴/阳· 面包/黄油· 蝙蝠侠/罗宾

饼干/牛奶· 弗雷德/金杰· 盐/胡椒

本/杰瑞· 花生酱/果冻· 汉塞尔/汉瑟

格雷泰尔· 雷/闪电· 鱼/薯片

佩恩/特勒· 鸡蛋/培根· 西尔玛/路易斯

汉堡/薯条· 杰克/吉尔· 汤/沙拉

哲基尔/海德· 薯片/蘸酱· 斯达克/哈奇

锤子/钉子· 刘易斯/克拉克· 油/醋

一名女影星和一位作曲家在晚宴上邂逅了，然后，这位影星发明了一个"秘密交流系统"。

海蒂·拉玛（专利上的名字是海蒂·斯基勒·马基）热爱数学和工艺。她同时也是很好的倾听者——与第一任丈夫弗里德里希·曼德尔在一次宴会上同希特勒和墨索里尼交谈时学到了许多军事技术。乔治·安塞尔是一位前卫的作曲家，因给费尔南多·莱谢尔1924年拍摄的抽象影片《机械芭蕾》配乐而声名鹊起。1940年，两人相遇。

他们的话题自然而然地转向无线遥控鱼雷。海蒂发现，他们谈话时会"频繁改变话题"。海蒂跳跃性的思维和安塞尔迅速接上的能力促成了无线电频率的变化，并演变成一项鱼雷制导系统专利——最终启发了全球定位系统、无线网络和蓝牙技术的发明。

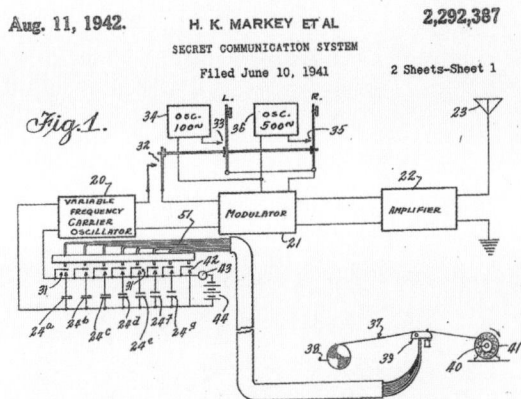

Aug. 11, 1942. H. K. MARKEY ET AL 2,292,387
SECRET COMMUNICATION SYSTEM
Filed June 10, 1941 2 Sheets-Sheet 1

无线电技术
的发明

这是1870年克劳德·沙普发明的电报塔。操作人员可以用依靠绳索和滑轮移动的信号臂向其他站点发送信号。

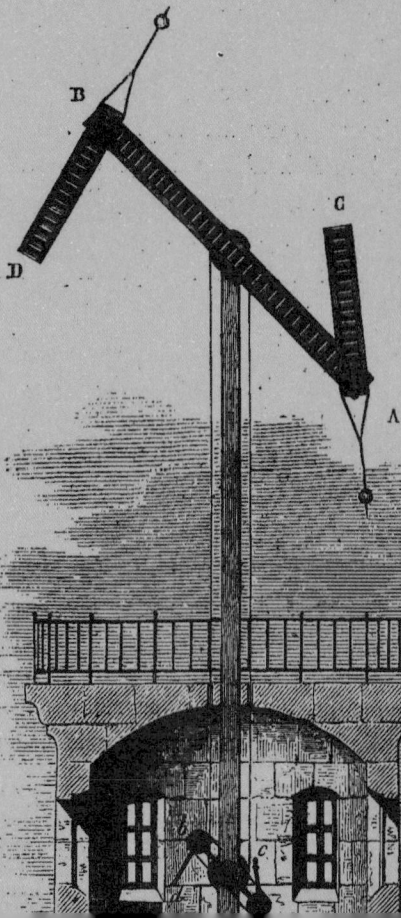

人人为我（目标），我（目标）为人人——让沟通更快更好

沟通起源于古代的中国、埃及和希腊的鼓声与烟雾信号，然后：

1747	本杰明·富兰克林确定电流可以在空气中移动。
1790s	臂板信号面世。
1800	亚历桑德罗·伏特发明了电池。
1826	安德烈·玛丽·安培证明了电流能产生磁场。
1831	迈克尔·法拉第发明了直流电发电机。
1830s	威廉·库克爵士和查尔斯·惠斯通爵士发明了铁路信号电报系统。
1830s	萨缪尔·摩尔斯、伦纳德·盖尔和阿尔弗雷德·维尔发明了能够将电流信号通过电线发送至接收器的单电路电报机。
1844	萨缪尔·B.摩尔斯首次发送摩尔斯电码。
1873	詹姆斯·克拉克·麦克斯韦出版了《电磁学》，描述了电磁波通过空间的运动。

1878　戴维·E.休斯用一个发条装置的键控发报机成功发送信号。

1887　海因里希·鲁道夫·赫兹发明了振荡器，证明了电磁波的存在。

1891　尼古拉·特拉斯证明了电磁感应现象（能量在没有导线的情况下在两点之间移动）。

1895　伽利尔摩·马可尼首次发送无线电报。

无线电推动了电视、电话、全球定位、移动电话和无线网的诞生。基于人与人之间的交流方式，这一产业仍在快速地发展创新。

"咔嚓咔嚓"

72 撸起袖子干

思考、删掉，再来一遍。撸起袖子加油干。让自己忙起来，因为天上不会掉馅饼。

1817年的纽约州北部，农民寄希望于伊利运河工程给他们的农场带来繁荣，但工程缓慢的进展令他们沮丧。于是当地人便自己担负起责任，他们研制出工具（甚至是水泥）来推进运河工程建设。"所有这些普通人的即兴发挥，有一天会作为美国人的创造力而闻名世界。"

——恰克·弗莱迪《桥很低，大家蹲下！》

1957 年，为了研发一种新型纹路墙纸，阿尔弗雷德·W. 菲尔丁和马克·沙瓦纳尝试在两幅塑料浴帘中间嵌入气泡，结果失败了。随后，他们尝试把它用作温室的绝缘体，又失败了。1959 年，IBM 公司引进了 1401 型电脑，它需要小心包装和运送——于是失败的气泡墙纸成了防撞材料。

失败是成功之母

73

"我写得越多，错误越多。可它们非常重要。这就像你按错了音符。你必须做点儿什么……你必须吸取教训，真正写出富有创造性的作品。"

——托妮·莫里森

　　失败虽然痛苦，但却是必经之路。与成功相比，你通常能从失败中吸取更多的教训。它也能告诉你在曲折的发展过程中需要解决什么问题。找出失败的原因，率先解决其中的问题。记住，你并不孤单：你可以从别人的失败中吸取教训，反之也是一样。

放弃

74

是时候放弃了吗?

试着放弃一两天。你觉得解脱了?那方案没救了。想起来时感觉可惜?那也许它还可以再抢救一下……

J.K.罗琳关于哈利·波特的故事被出版商拒绝了无数次,直到布鲁姆斯伯里出版公司CEO 8岁的女儿爱上这个故事,它终于出版了。这让罗琳十分震惊。

想太多

更容易

75

缩小目标

试着只考虑问题的一小部分。与其写一部伟大
的小说，不如写一个人物一天的生活。与其去
应对世界和平问题，不如找一种能提高交流的
方法。小的解决方案会逐渐累积至更大。

删繁就简

用你已经拥有的一部分做尝试。假如删掉一半
效果会更好吗？删掉四分之一呢？

"鼓励似乎是关键。神经科学证明，人脑中心的爬虫区域一旦受到威胁就会关闭控制学习的前额皮质，并且关闭得很彻底。惩罚和考试被视为威胁……我们需要把威胁转变为鼓励。"

——苏加托·密特拉，英国纽卡斯尔大学教育学院教育学教授

"让它动起来。"——提姆·古恩，《天桥风云》

76 回头审视

别人反馈的小贴士：

- 记住，整体和部分同样重要。
- 有意义、客观、真诚。
- 找出问题所在。
- 激励他们继续向前。
- 该赞美的时候赞美。

休息一下，把作品放到一边。等到回头审视的时候，把它摊开到地上或钉在墙上，然后从远处看。它与众不同吗？创意非凡吗？对你和其他受众而言，它有趣的地方在哪里？比如消防员？比如脑外科医生？比如外国人？有什么要改的吗？有吗？

无袋式真空吸尘器

的发明

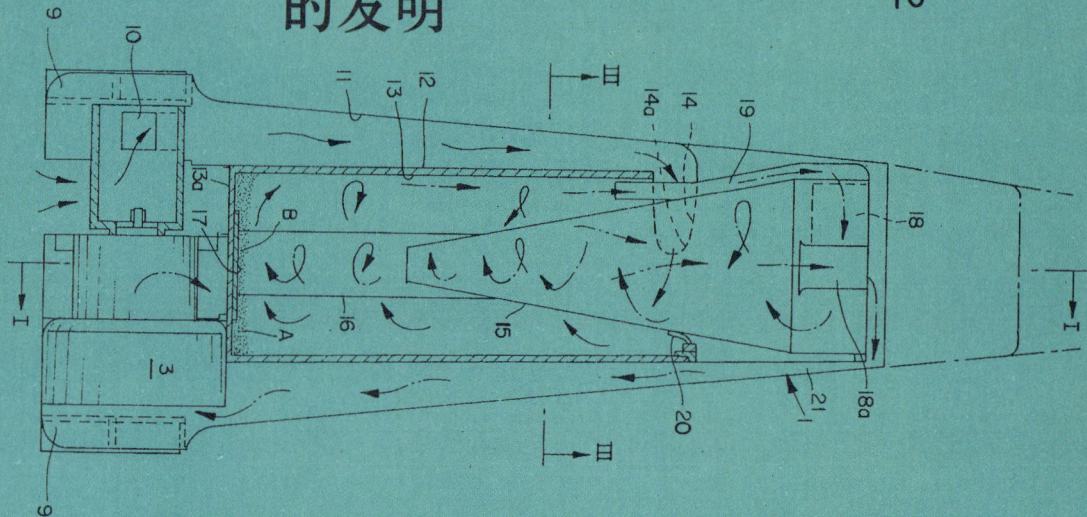

FIG.2

工业设计师詹姆斯·戴森非常沮丧，因为胡佛真空吸尘器无法把他的家打扫干净。吸尘器的袋子总是阻塞，不但不能吸尘，反而会让尘土到处飞扬。他想起了最近一次去锯木厂的经历，在那里他见到了一种清除空气中的灰尘的分离器。它能用于小电器吗？

戴森用了5年时间制作了5127个原型机器。1983年，这种亮粉色、全新的双旋风无袋"重力"真空吸尘器上市，但直到1991年他在日本获得国际设计博览会奖项时才引起轰动。

由于戴森对设计更好的东西充满激情——同时也乐于鼓励别人创造性地解决问题——他在2002年创立了詹姆斯·戴森基金，用以鼓励学生别出心裁地思考问题，而不用害怕犯错。

等待

77

就这样吧

它有用吗？

结果让你高兴吗？

就这样吧……

除非你想到了别的方法来改进它。

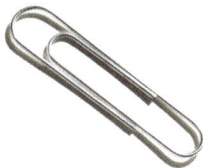

207

关于本书

很久以前，我希望每个人都能告诉我他们的秘密——所以，现在我说出我的秘密。

我喜欢胡思乱想。上小学时，我和两个朋友艾米、玛丽组成了拯救世界发明俱乐部。我们造了一座没有钉子的树屋（失败），发明通风系统（一个风扇）来消除烟囱污染（根本不知道如何操作），用汽车坐垫弹簧作为我们全新的能源鞋（也许没有你想象中那么弹力十足）。好吧！它们其实并不算好主意，但我知道，如果我不断思考并且虚怀若谷，想出的主意就会越来越多，其中一些会比当初的更好。

过去两年，我有机会和许多不同的学生见面并且共事。在短期作品评论任务中——我在每天指导两名年轻设计师的同时还要辅导阿默斯特学院的一个摄影班——我发现，同样的主题反复在出现——学生们很想知道如何发展他们自己的想法，但他们不知道如何开始、继续和结束。

我希望能在"如何"上帮助他们。无论是否与创意设计相关，我的回答都会有一个同样的主题——学会认识你所拥有的，学会从新角度看问题。我开始思考可以帮助他们从不同角度看待问题的方法。不知不觉中，我在路上开始用手机写笔记（我开车上班要很长时间），每天随时在便签上涂鸦，在杂志里的卡片上写东西，这都是为了在想法消失之前把它们迅速记下来。我不知道为什么要记下这些，我只知道我必须把脑海中泛滥的思绪清理出来。几天之内，我形成了一个列表，随后是一个架构。于是，这本书便诞生了。

等写完后，我才四处寻找关于这一主题的作品。我找到了很多。有创造力的人会解决生活中的所有问题，因此，从情理上说，我们可能采用相似的方法。

我还发现，具备科研精神的人对创造力主题进行了详尽研究，也写了很多相关书籍，但很少有人能想到把该主题视觉化——图像可以揭示出另外一条路。

理念开发和思维创新有一个过程，你可以一步一步地推进这个过程。我想通过各种不同渠道的例子说清楚，该如何建立起内在联系，以帮助自己从一个全新的角度去看待已有的信息。人们不需要成为艺术家，但他们可以更敏锐地观察。如果感兴趣的话，你也可以训练自己处理事情的能力。创造力仅仅是把你之前分散的想法联系起来，并且增强你拥有的但自己没有意识到的技能。

20世纪80年代的影片《上班女郎》的结尾场景中，梅兰妮·格里菲斯扮演的苔丝说："我那聪明的企业合并想法是受了一张报纸社会版的启发——专业的想法出于低级的来源——简直完美。"

获取灵感没有正确或最好的方法。但你的心态越是开放，多看、多听、多读、多交流、多游历（即使是逛街）——就越能建立联系。于是，想法就会接二连三地出现……

——卡洛琳·艾克特

致谢

　　这本书是我多年工作经验的积累，得益于大家的启发，感谢你们——特别是以下各位：非常感谢斯托里出版公司的所有人员，他们风趣、聪明、有创意，让我每天的工作欢乐无比。感谢米凯拉·杰布和杰夫·施蒂费尔，是他们的提问激励我写下答案。

　　感谢阿勒西娅·莫里森，她让我有机会和年轻设计师们共事，从而开始以全新的方式思考。感谢马斯·费劳比的摄影知识和耐心。感谢珍·崔维斯的魅力和组织技能。特别感谢汉娜·弗里斯的诗歌技巧，让我得以更好地表达自己。还有黛博拉·巴尔姆斯看到我这个疯狂想法和一堆纸时的热情乐观。

　　感谢贾斯汀·金博邀请我辅助他在阿默斯特学院开设的教授摄影班——学生们非常敏锐，有才华也有求知欲。他们激发我在便利贴上疯狂地涂鸦。

　　感谢我的拼车伙伴：莱斯利·查尔斯、卡琳·马迪根和帕姆·汤普森——他们在漫长的车程中教给我马拉松、写作、足球、烹饪和园艺的知识。感谢帕姆告诉我"坚持下去"。

感谢提姆·古恩给我树立了一个导师的榜样：诚实、支持、热情、有建设性。

感谢汉斯·提恩斯玛的设计公司给我提供了设计书籍的机会，以及"每周11个圆圈的挑战"。

感谢"奇迹时光"团队——这是一个迅速、热情而真正有趣的智囊团。感谢杰夫·瓦根海姆对于"11个圆圈"的让人"大开眼界"的评论。

非常感谢所有完成"11个圆圈"挑战的朋友。你们教会了我观察的新方法。

感谢我的家人——谢谢我父母的支持——虽然"感觉奇怪"，但他们还是花钱送我去艺术学校学习；谢谢我的姐姐苏珊娜，她率先对这本书给予了热情而有建设性的反馈，并创造了"灵感的故事"这一说法；谢谢我的另一位姐姐詹妮弗以及姐夫克罗蒂一家，在纽约工作期间，她为我提供了住处；谢谢我的哥哥布莱恩，他第一个提交了"11个圆圈"的答案。

感谢我的丈夫德纳，感谢我们的儿子马蒂和罗伊——他们是最支持我、最风趣、最有创造力和我最爱的人。

灵感清单

书里的故事、过程和技巧是我在多年的生活和设计师生涯中想到的。但世上有很多聪明人有过这样的想法。以下是一些来源和背景故事。

标题页：素描插图（左）来自菲尔·哈克特。回形针潜艇来自哈维尔·佩雷斯的创意。

"新鲜灵感"照片："大减价系列的灵感来自马丁·帕尔作品集《无聊的美国明信片》中的一张超市照片，是我在设法为一个窗户比墙面多的新画廊设计广告时偶然发现的。我觉得吸引我的是它的朴素感和熟悉感。当代许多艺术家耻于承认怀旧，但我不怕。我经常觉得自己出生得太迟了……"——迈克尔·麦凯，空集企划

积累——先破——后立

在列出生成灵感的方法后，我发现可以分成3类要点：收集内容和想法；将内容分解成你需要的信息；形成你想要的想法。

2、找到兴趣爱好。明信片："我喜欢用触觉的方式消磨时间，因此开始制作刺绣明信片。

在把每张明信片变得独一无二并且成批展览它们的过程中，最终我发现了主题——比如这张，图案和色彩自动与周围单一的环境融合了。"——肖恩·卡迪纳尔

灵感的故事：我为每一个"故事"选择了人类基本需求的主题：衣食住行、健康、工作和对幸福的追求。

雨刷：引自专利号743801的洗窗装置以及丁宁＆埃肯斯坦公司写给玛丽·安德森的信（伯明翰公共图书馆）。你可以在www.uspto.gov这个网站上找到各种专利发明，非常有趣。

5、像时尚设计师一样思考。我在康纳泰仕集团为仙童图书工作期间，得以通过他们惊人的照片收藏研究摄影。我最喜欢的一些设计就是受这些藏品启发的。

8、建立联系。每次远足的时候，我儿子都会不停地和大家玩这个游戏，他称之为"拼标签"。李奥纳多·尤利安介绍他的曼荼罗系列时说："我对电子科技成为我们日常生活的重要部分并几乎受到崇拜这件事非常感兴趣。通过把各种不同形状和颜色的电子组件焊接在一起，我创造了一个能够让人想起传统广场形象并井然有序的设计作品。我希望用这一系列作品展示出

消费者看不见的东西，电子电路作为特别的对象，其完美的设计几乎可以变成超凡脱俗的作品。电子科技永远在变化，以前的技术会像传统的沙坛一样被轻易扫去。"

听诊器：引自英国皇家学会奖得主医学博士约翰·福布斯翻译并注释的医学博士R.T.H·雷奈克的《论胸部疾病和间接听诊》法语第三版。

11、不要急于使用。了解让·乔治·冯格里奇顿烹饪背后的灵感见解，参见2015年8月《哦》杂志中奥普拉对他的采访。

13&14、发挥长处，开发短处。在《奇迹时光》杂志工作期间，我和同事都进行了布里格斯测试，它能揭示每个人的长处和短处。如果你想尝试，可以访问http://www.myersbriggs.org。

17、多了解其他国家的文化和传统。关于莫奈和赖特受到日本文化影响的更多内容，参见《日本时报》刊登的杰夫·迈克尔·哈蒙德的文章《日本艺术如何启发西方》，以及现代艺术博物馆出版的《建筑师弗兰克·劳埃德·赖特》中威廉·克罗农的文章《多变的统一：弗兰克·劳埃德·赖特的激情》。

18、多了解其他的研究领域。观看更多科学艺术展美术作品，请点击 www.artofsci. princeton.edu。

19、打破常规。如果你想和朱莉安娜·孔斯特勒一样创作线条画，请登录她的网站www. juliannakunstler.com,并参考其教程。

20&21、头脑风暴 光/头脑风暴 勇敢。《奇迹时光》创立之初，我们运用头脑风暴想出了许多故事和艺术创意。在一群性格外向的人当中，我相对比较内向，直到后来（特别是读过苏珊·卡因的书《宁静》之后）才找到更适合自己的头脑风暴的方法。

24、善用情绪。我在TED播客上听过栗山塞萨尔的演讲，当时他已经连续4年每天给自己录1秒视频了。登录"每天1秒"应用软件或他的网站www.cesarkuriyama.com查看详情。

25、打乱文件。卡塔丽娜·别霍·洛佩兹·德·罗达这样描述她的作品："和（我的）绘画作品一样，拼贴画极具个人风格。它们延续了相同的分类和分层规则，但提供了不同的角度。我能回想起每张纸的来源，我在它们之中藏入了信息……每封信都指向一个非常具体的存在。

和其他信一样，我考虑的是想要说什么和对谁说。我创造了一幅心理肖像图，并在其中探索个人对话以及内心深处对特定对象产生的情感。"

29、不要视而不见。克里默博士发明了色盲测试。"这个测试是出于没有阅读能力的人和学龄前儿童对色盲测试的需要而开发的。早期色盲测试是适应生活的关键。"——茉蒂丝·克里默

30、像乐天派一样思考。大曝光：我是一个盲目的乐观者。听听艾米·库迪的TED演讲《肢体语言塑造了你》，也可以登录www.inc.com观看诺贝尔奖获得者丹尼尔·卡尼曼的视频。

什么是你的超能力？感谢马蒂·让特。

31、像间谍一样训练自己。在电台真人秀《美国谍梦》里，凯丽·拉塞尔扮演的伊丽莎白必须训练一名年轻的间谍。训练包括在逛街时加强他的观察能力——逛街回来之后他要说出遇到的每个人穿的什么、读的什么以及在干什么。

35、先停下来。这是一个设计窍门。白色没有效果？试试黑色。爱德华·德·博诺创造了"横向思考"这个术语来描述这种技巧，并于1970年出版了同名书籍。

37、学会利用手边的资源。我从纳维·拉裘的TED演讲中学到了jugaad文化。访问www.TED.com观看他的演讲。

38、**解构**。劳拉·迪吉克插图的配文来自2013年11月4日《纽约客》杂志刊登的罗伦·柯林斯的《母语》。

39、**抓不到要点？** 这是一种委婉的说法。我在罗德岛设计学院的排版教授弗兰茨·维尔纳如果不喜欢某人的作品就会批评说（用瑞士德语的口音）："这……这真是一堆狗屎。"

40、**适时改弦易辙**。波斯尼亚电影《下雨之前》上映后，我去看了，而且，我非常喜欢它的结构——它用一种循环结构取代了线性结构。巧的是，昆汀·塔伦蒂诺拍摄的《低俗小说》使用了同样的手法——创意思维同步的典型事例。

艺术家威廉·史密斯在评论他的"美艳僵尸"绘画时说："在引入介质时，我和学生玩了一轮超现实主义的游戏'美艳僵尸'来缓解用钢笔和墨水画画的焦虑感。除了好玩的本质以外，玩这个游戏还有很多益处。第一，它可以让学生接触到艺术史。第二，它是一个合作的过程。

第三，它是一种不寻常的绘图方式，能够鼓励学生对未知的结果进行探索和接纳。"

42、**像科学家一样进步**。山姆·杰士曼目前在哈佛大学的心理学系和脑科学中心任教。

44、**试试莫扎特的音乐**。唐·坎贝尔《莫扎特效应：用音乐的力量治愈身体、强化心灵和解锁创造精神》。

45、**尝试改变形状、尺寸、比例和颜色**。爱迪生引自迈克尔科发布于www.thinkjarcollective.com的《托马斯·爱迪生的创意思维习惯》。

47、**借鉴过往经验**。更多的开国元勋借鉴易洛魁信念的内容，参见约翰·H.林哈德发表于www.uh.edu/engines/epi709.htm的文章《易洛魁和美国政府，印第安人的贡献》，以及布鲁斯·E.约翰森的著作《被遗忘的开创者：印第安人是如何帮助形成民主的》。

48、**和朋友聊天**。1922年12月14日，石原（笔记为日语）在爱因斯坦的京都演讲中记录了这次谈论。

关于她的艺术作品，丽莎·霍克斯坦说："创作拼贴画让我能把工作室之外的不同碎片聚集起来。我在这个系列里限制了材料种类，因为我想在两种简单几何形状的定位中探索微妙的变化感。"

50、分享你的想法。苏珊娜·鲍尔写道，她的作品"向自然致敬，同时也是对观察者的映射。枯叶和棉线的构成，让作品的两个部分保持着一种脆弱和力量的良好平衡，反映了个人的经历和关系"。

幸运饼干：由于幸运饼干的预测不准，德纳·让特在沮丧之中写下了这些替代幸运选择。

53、散步去。我在谢恩·帕里什发表在www.farnamstreetblog.com的文章《行走的哲学：梭罗、尼采和康德在散步》中了解到了尼采、康德他们的散步习惯，这促使我阅读了弗雷德里克·格罗斯的著作《行走的哲学》以及丽贝卡·苏尼的著作《漫游：行走的历史》。

55、等待。我在排队等咖啡的时候，发现安静地站着看别人在周围来来去去很有意思。我已经学会了拥抱等待。哈维尔·佩雷斯评价他的艺术时说："我的作品非常简单朴素。我希望人们能够在照片的饱和度中放松自己。我的座右铭是：每天创作，不论技巧。"

56、休息一下。澳大利亚悉尼大学智力研究中心的索菲亚·埃尔伍德、格里·帕利耶、艾伦·斯奈德和杰森·高拉特的研究课题为"孵化效应：孵化一个解决方案？"。

57、睡觉去。听过拉塞尔·福斯特的TED演讲《我们为何入睡？》后，我彻底搞明白了。相比整夜不睡，两个小时的优质睡眠会让你在第二天更有创造力。

61、你要表达什么观念？登录www.guggenheim.org了解更多弗兰克·劳埃德·赖特的建筑作品。

63、分类。装订师及设计师苏珊娜·怀恩伯格这样描述她的玻璃样品："我开始在散步时收集各种小碎片：种子、玻璃、贝壳、卵石。我喜欢研究标签，看同一个词如何描述类型、尺寸、重量上的不同属性。靠近一点儿，注意你周围最小的物品的个体性质。"

68、别再学乡村音乐录像。这句话是我试图描述《奇迹时光》杂志不需要的摄影作品时想出来的。在一些老乡村音乐录像里，如果"他走出门"，录像中会出现一个人走出门的场景。如果我们能从不同的角度讲述故事，观众就会感觉更有趣味。

我最近看了奇普·基德的TED演讲，他说他的平面设计教授第一天就告诉全班同学，你要么展示苹果，要么写下词语"苹果"，但两者不能同时进行，因为观众总是期待更好的。

71、**也许你需要一个搭档。**海蒂·拉玛是一个生活丰富多彩的有趣之人。想要了解她，请访问www.HedyLamarr.com。也可参见2011年12月4日《英国卫报》刊登的《如果不是海蒂·拉玛，我们就没有无线网》一文。

73、**失败是成功之母。**引自《恩颐投资艺术杂志》丽贝卡·格罗斯与托妮·莫里森的访谈。

76、**回头审视。**"鼓励是关键……"这段话引自苏加托·密特拉的TED演讲《在云中建一所学校》。

11 个圆圈挑战

既然你有这么多方法启动创造性思维，现在该是你展现技巧的时候了。出于本书的创造精神以及有限条件下的实验，我开通了博客：11circles.tumblr.com，邀请投稿者提交 11 个圆圈挑战。规则不限。

苏珊娜·怀恩伯格布置的 11 个圆圈

本书的末尾显示了向 11 个圆圈博客投稿的详情。
登录 11circles.tumblr.com 查看全部作品，并提交你的 11 个圆圈。

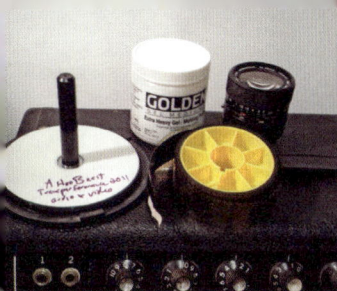

LET'S GO:

The Budget Guide to

EUROPE

1990